实用生物统计学

顾志峰　叶乃好　石耀华　主　编

科学出版社

北　京

内 容 简 介

本书主要针对生命科学研究领域中的常见问题,以生物统计学的基础理论知识、试验资料的收集整理、资料的统计分析和试验设计为主线来安排主要内容。每章内容先以具体的科学问题引出相应的生物统计学问题,然后对其基本理论进行介绍,结合相应的统计软件(包括 SPSS、DPS、Minitab、Excel 等)对实际问题进行具体分析,同时采用截图法对具体使用的统计方法进行直观形象的介绍,最后结合专业知识对分析结果进行科学阐释。本书的设计和编排使每位读者能够很清晰地理解每个问题的解题要领,科学合理地选用相应的统计软件来分析和解决实际问题,同时能够很直观、形象地掌握每种软件的使用方法和技巧。

本书可供高校的本科、专科生作为生物统计的教材使用,也可供科研工作者、教师和研究生作为工具书使用。

图书在版编目(CIP)数据

实用生物统计学/顾志峰,叶乃好,石耀华主编. —北京:科学出版社,2012

ISBN 978-7-03-034762-6

Ⅰ.①实⋯　Ⅱ.①顾⋯②叶⋯③石⋯　Ⅲ.①生物统计-统计分析-软件包　Ⅳ.①Q-332

中国版本图书馆 CIP 数据核字(2012)第 123277 号

责任编辑:马　俊　孙　青/责任校对:林青梅
责任印制:徐晓晨/封面设计:耕者设计工作室

科 学 出 版 社 出版
北京东黄城根北街 16 号
邮政编码:100717
http://www.sciencep.com

北京厚诚则铭印刷科技有限公司 印刷
科学出版社发行　各地新华书店经销
*
2012 年 8 月第 一 版　　开本:787×1092　1/16
2020 年 9 月第八次印刷　　印张:19 3/4
字数:462 000

定价:88.00 元
(如有印装质量问题,我社负责调换)

《实用生物统计学》编委会成员

(按姓名汉语拼音排序)

葛长字	山东大学
顾志峰	海南大学
石耀华	海南大学
王爱民	海南大学
王鸿霞	中国科学院海洋研究所
徐 东	中国水产科学研究院黄海水产研究所
叶乃好	中国水产科学研究院黄海水产研究所
张晓雯	中国水产科学研究院黄海水产研究所
周海龙	海南大学

前　言

生物统计学是应用统计学的原理和方法来分析、理解、推导和探究蕴含在生命科学领域中的各种纷繁复杂现象背后的生命科学规律和本质的一门科学，是生物学和统计学的交叉学科，在生态学、生物化学、农学等传统的生物学分支学科和生物信息学等新兴生物学科中广泛应用。虽然生物统计学是高校生物类专业一门极其重要的基础课程，出版的相关教材数量很多，但是，这些教材主要都注重基本理论和公式的推导，容易使学生将其当做一门数学类课程来学习，在公式推导中迷失了应用性这一学习生物统计学的根本目的，以至于许多学生完成教材的学习后，面临具体的实验设计和数据处理时仍然茫然不知所措。为此，我们编著了本书。

尽管本书仍然是由实验资料的整理、试验设计、显著性检验、相关与回归和协方差分析等章节组成，也对其中的基本概念、基本公式进行了阐述，但是，本书一以贯之的一个根本思想是实用性，即学生通过丰富的实例直观地了解如何选择合适的分析手段、如何采用常规的软件一步一步地完成实验数据的分析，这是本书与已有的生物统计教材的显著不同之处。为了强化和检验教学效果，本书在每一章的最后附上了适当数量的复习思考题。

本书还可以作为生物学科技工作者开展试验设计、数据处理和分析等的参考书，特别是书中介绍了多种常用的生物统计软件的使用方法，在计算机普及的今天，生物统计学的应用更为实用和便捷，把科技工作者从繁杂的数据处理和分析中解放出来。

本书的编著、出版得到了国家自然科学基金项目（41076112，41176153）、国家高技术研究发展计划（"863"计划）项目（2012AA052103、2012AA100814）、教育部科学技术研究重点项目（211143）、海南大学2011年度自编教材资助项目（Hdzbjc1103）、海南大学"211"工程重点学科建设项目、"水产养殖学"国家级特色专业（TS10477）、热带生物资源教育部重点实验室等资助。科学出版社对本书的编著提供了大力支持和大量有益的建议。在此我们一并致以诚挚的感谢。

由于编著者水平有限，书中疏漏与不妥之处在所难免，敬请读者提出批评指正，以便修改完善。

编　者

2011年3月于海口

目 录

前言
第1章　绪论 ··· 1
　1.1　生物统计学的定义 ··· 1
　1.2　生物统计学的重要理论基础 ··· 2
　1.3　生物统计学的作用 ··· 4
　1.4　生物统计学的特点及其学习方法 ·· 5
　复习思考题 ··· 5
第2章　数据的整理与分析 ··· 7
　2.1　常用统计学术语 ·· 7
　2.2　试验资料的整理 ··· 10
　2.3　试验数据的描述性统计 ·· 22
　2.4　试验数据中异常值的分析 ··· 38
　复习思考题 ·· 46
第3章　概率分布与抽样分布 ··· 48
　3.1　概率基础知识 ·· 48
　3.2　概率分布 ··· 49
　3.3　二项分布 ··· 51
　3.4　泊松分布 ··· 61
　3.5　正态分布 ··· 64
　3.6　正态分布的检验 ··· 76
　3.7　统计量的分布 ·· 82
　复习思考题 ·· 92
第4章　统计推断 ··· 93
　4.1　假设检验的原理与方法 ·· 93
　4.2　单样本平均数的 u 检验 ··· 94
　4.3　单样本平均数的 t 检验 ··· 97
　4.4　成组数据平均数比较的 t 检验 ··· 100
　4.5　成对数据平均数比较的 t 检验 ··· 105
　4.6　方差的假设检验 ··· 109
　4.7　样本频率的假设检验 ·· 112
　4.8　参数的区间估计与点估计 ··· 118
　复习思考题 ·· 125

第 5 章 χ^2 检验 ·········· 128
5.1 适合性检验 ·········· 128
5.2 独立性检验 ·········· 129
复习思考题 ·········· 139

第 6 章 方差分析 ·········· 141
6.1 方差分析的相关术语 ·········· 142
6.2 方差分析的原理 ·········· 142
6.3 均值间的两两比较 ·········· 143
6.4 单因素方差分析 ·········· 147
6.5 二因素方差分析 ·········· 153
6.6 统分组（嵌套）资料的方差分析 ·········· 165
6.7 方差分析的基本假定与数据转换 ·········· 168
复习思考题 ·········· 172

第 7 章 非参数检验 ·········· 176
7.1 符号检验 ·········· 176
7.2 符号秩检验 ·········· 178
7.3 多个样本比较的非参数检验 ·········· 182
7.4 Jonkheere-Terpstra 检验 ·········· 184
7.5 Friedman 检验 ·········· 185
7.6 Kendall 协同系数检验 ·········· 187
7.7 二元响应的 Cochran 检验 ·········· 189
7.8 秩相关 ·········· 190
复习思考题 ·········· 193

第 8 章 一元回归与相关分析 ·········· 195
8.1 回归的概念 ·········· 195
8.2 一元直线回归与相关 ·········· 196
8.3 一元曲线回归与相关 ·········· 201
8.4 一元多项式回归曲线 ·········· 221
复习思考题 ·········· 223

第 9 章 多元统计分析 ·········· 226
9.1 多元方差分析 ·········· 226
9.2 多元线性回归与多元相关分析 ·········· 230
9.3 逐步回归 ·········· 239
9.4 通径分析 ·········· 242
9.5 聚类分析 ·········· 243
9.6 判别分析 ·········· 251
9.7 主成分分析 ·········· 259
9.8 因子分析 ·········· 261

复习思考题 ··· 265
第 10 章　协方差分析 ·· 268
　10.1　单因素协方差分析的步骤 ··· 268
　　复习思考题 ··· 272
第 11 章　试验设计 ··· 274
　11.1　实验设计的内容与作用 ·· 275
　11.2　试验设计的基本原理 ··· 275
　11.3　试验设计的主要方法 ··· 276
　　复习思考题 ··· 303
参考文献 ··· 305

第1章 绪 论

内容提要

生物统计学是指应用统计学的原理和方法分析、理解、推导和探究蕴含在生命科学领域中的各种纷繁复杂现象背后的生命科学规律、本质的一门科学。生物统计学的研究内容主要包括试验设计、统计分析方法及其基本原理。常用的试验设计方法主要有：对比设计、随机区组设计、拉丁方设计、正交设计等；统计分析方法则主要包括：描述性统计、显著性检验、相关与回归、协方差分析、多元统计分析。生物统计学的主要目的是对实验资料进行科学的整理、分析数据、判断试验结果的可靠性、确定事物之间的相互关系、提供试验设计的基本原则，为学习相关学科和科学研究奠定基础。生物统计学是一门较年轻的学科，随着计算机统计软件（Minitab、DPS、SPSS、SAS等）的开发而得到快速的发展，已广泛应用于各领域，并和其他学科交叉形成了诸如生物信息学等新的学科。

1.1 生物统计学的定义

1.1.1 统计学

统计学（statistics）是一门通过搜集、整理、分析、解释统计资料，揭示其内在客观数量规律性的科学。由于它具有准确、客观等特点，已广泛应用于自然科学、社会科学、人文科学以及政府情报决策中。

Statistics 最早起源于拉丁语 statisticum collegium；到了16世纪，意大利语 stato 表示"国家"和"情况"的含义，随后传播到德国、法国、荷兰等国，德国西尔姆斯特大学教授康令（H. Conring）在大学开设了一门 staatenkunele 课程，原意是对各国状况的比较，引起了许多学者的关注。随后，德国哥廷根大学教授阿亨瓦尔（G. Achenwall，1719～1772年）在康令思想的基础上，把关于人口、财政、军队等事项的学问称为"国势学"，并在1749年出版的《近代欧洲各国国势学概论》中首创了"statistik"这个词汇，即"统计学"。1787年，英国学者齐默尔曼（E. A. W. Zimmerman）据语音把"statistik"译成英语"statistic"。19世纪，统计学传到日本，日本的学者将其译成"统计学"。

1903年，我国学者钮永建等翻译出版了日本学者横山雅男所著的《统计讲义录》，统计一词传入我国。1907年，彭祖植编写的《统计学》是我国最早的一本统计学书籍；1913年，顾澄翻译了英国学者尤尔的《统计学之理论》，是英美数理统计学传入中国之始；之后又有一些英美统计著作被翻译成中文，Fisher的理论和方法也很快传入中国。20世纪30年代，《生物统计与田间试验》作为农学系的必修课，1935年王绶编著出版的《实用生物统计法》是我国出版最早的生物统计专著之一。1942年范福仁出版了

《田间试验技术》等。这些翻译和编著的统计学书籍对推动我国农业生物统计和田间试验方法的应用产生了很大影响。现今，统计学已被延伸到生物学、医学、心理学等领域，相应地又形成了一系列新的学科，如生物统计学、医学统计学、心理统计学等。

1.1.2 生物统计学

在生产实践活动中，人们往往会遇到类似下面的一些问题。例如，转基因动植物的生长速度是否比非转基因动植物快？如何进行判断？吸烟会不会导致得肺癌的概率增大？如何判断一种新疫苗是否有效？如何抽检一部分人来估计某种疾病的流行程度？某种细胞培养方法、抗癌药物疗效，或饲料配方、育苗效果等是否有明显改进等。

这类问题的共同特点，就是人们只能得到他所关心的事情的不完全信息，或者是单个实验的结果有某种不确定性。如何透过纷繁复杂的现象抓住这类生命现象的本质？这需要我们通过设计相应的试验，开展试验研究，借助于生物统计学理论和方法，透过外界环境条件或其他偶然因素所掩盖的表面现象，从而揭示其生命现象的内在规律。这就是生物统计学研究的内容，由此可知生物统计学（biostatistics）就是运用统计学的原理和方法来分析、理解、推导和探究蕴含在生命科学领域中的各种纷繁复杂现象背后的生命科学规律与本质的学科。

16～17 世纪中叶随着数理统计学的发展，18～19 世纪正态曲线、最小二乘法等重要理论广泛应用于生物学。1889 年，高尔顿（Galton）发表第一篇生物统计论文《自然界的遗传》；1901 年，高尔顿和他的学生皮尔逊（Pearson）创办了 *Biometrika*（《生物统计学报》）杂志，首次明确"biometry"（生物统计学）一词。因此，后来大家推崇高尔顿为生物统计学的创始人。近年来，随着相关学科的发展，生物统计学已广泛应用于农学、医学、分子生物学、细胞生物学、生物信息学、生物制药技术、资源保护与利用以及生态学等领域，取得了长足的进步。

1.2 生物统计学的重要理论基础

1.2.1 总体的理论分布

生物统计学中常见的理论分布有正态分布、t 分布、二项分布、泊松（Poisson）分布、χ^2 分布和 F 分布，其中前面两种理论分布主要应用于连续型变量概率分布的资料，而另外三种主要应用于离散型变量的概率分布资料。此外，t 分布、二项分布、Poisson 分布的极限为正态分布，在一定条件下，可以转化为正态分布进行处理。

正态分布理论最早由棣莫弗（De Moiver）于 1733 年发现，后来高斯（K. F. Gauss）在进行天文观察和研究土地测量误差理论时又一次独立发现了正态分布（又称常态分布）的理论方程，提出"误差分布曲线"，后人为了纪念他，将正态分布也称为 Gauss 分布。戈塞特（W. S. Gosset）在生产实践中对样本标准差进行了大量研究，于 1908 年以

"Student"（学生）为笔名在该年的 *Biometrika* 上发表了《平均数的概率误差》，创立了小样本检验代替大样本检验的理论，即 t 分布，也称为学生式分布。1900 年，戈塞特的老师——皮尔逊独立发现了 χ^2 分布，并提出了著名的卡方检验法。1923 年，费希尔（R. A. Fisher）提出了 F 分布和 F 检验。1838 年，法国数学家泊松（S. D. Poisson）提出了泊松分布。在 1713 年出版的由瑞士数学家雅各布·伯努利（Jacob Bernoulli）撰写的专著《猜度术》一书中，用组合公式证明了帕斯卡曾经提出的 n 为正数时的二项式定理，即二项分布。此外，棣莫弗在《抽签的计量》一书中首次定义了独立事件的乘法定理，给出了二项分布公式。

1.2.2 显著性检验

生命科学研究中，往往会获得一系列的变异资料，差异产生的原因可能是由于处理间（如不同试剂、不同药物、不同品种、不同浓度间）有本质差异，也可能是一些偶然因素导致的，要找出其中的真实原因，必须进行显著性检验（significance test）。Neyman 和 S. Pearson Fisher 提出了显著性检验理论，为假设检验理论的发展奠定了坚实的基础：根据"小概率事件实际不可能性原理"来接受或否定零假设，从而对最后结果进行推断。常用的显著性检验方法有 t 检验、χ^2 检验、F 检验等。

1.2.3 方差分析

方差分析（analysis of variance，ANOVA），又称"变异数分析"或"F 检验"，用于两个及两个以上样本平均数差别的显著性检验，1923 年由英国统计学家费希尔提出。根据分析的因素的数量可以分为单因素方差分析、二因素方差分析和多因素方差分析；如果根据其数学模型则可以分为固定模型（fixed model）、随机模型（random model）和混合模型（mixed model）。方差分析在生命科学研究工作中极为重要，特别是在多因素试验中，可以帮助大家剖析起主导作用的变异来源，列出方差分析各自的期望均方（expected mean square，EMS），从而估计出各种效应值。

1.2.4 回归与相关

相关（correlation）与回归（regression）是研究变量间相互关系的一种统计分析方法。1886 年，高尔顿在"在遗传性身高中向中等身高的回归"一文中，正式提出了回归的概念：两个或多个变量间存在依从关系。根据变量的个数，可分为一元相关回归、二元相关回归及多元相关回归；而根据相关回归的曲线形态则可分为直线相关回归和曲线相关回归。1888 年高尔顿又在"相关及其主要来自人体的度量"一文中充分论述了"相关"的统计意义，并提出了相关系数的计算公式。相关是指两个或多个变量间存在平行的关系，主要用于研究两个变量之间相互关系的密切程度，用相关系数表示。

1.2.5 试验设计

试验设计（experimental design），广义上是指试验研究课题设计，也就是整个试验计划的拟定；狭义上是指试验单位（如单个细胞、植株、老鼠等）的选取、重复数目的确定以及试验单位的分组。通过试验设计可避免系统误差，控制、降低试验误差，无偏估计处理效应，从而对样本所在总体作出科学、可靠、正确的推断。在试验设计过程中，必须遵循试验三原则，即随机、重复、局部控制。

Fisher 在首次发表《试验研究工作中的统计方法》一书后，提出了田间试验的基本原则和主要设计方法，成为试验设计的经典著作。1925 年，Fisher 提出随机区组和正交拉丁方试验设计，同时，他还在试验设计中提出"随机化"原则，并于 1938 年与 Yates 合编了 Fisher-Yates 随机数字表。

1.3 生物统计学的作用

1964 年，英国著名统计学家 Yates 和 Healy 曾说过："非常痛心地看到，因为数据分析的缺陷和错误，那么多好的生物研究工作面临被葬送的危险"。从这句话，足以看出生物统计学对于生命科学研究是何等重要，其作用主要体现在以下三个方面。

（1）提供科学的试验设计方法。科学的试验设计可用较少的人力、物力和时间取得丰富可靠的试验资料。因此，在开展任何一项生命科学试验之前，都必须科学地进行试验设计，包括样本容量的确定、抽样方法的挑选、处理水平的选择、重复数的设置以及试验的安排等，都必须严格遵循试验三原则。

（2）提供科学的试验分析方法。在生命科学试验过程中，常常可以获取大量的非常复杂的第一手资料，我们如何透过纷繁复杂的信息得出客观科学的结论、抓住蕴含在其中的生命科学的本质规律呢？在数据收集、整理、分析过程中，我们必须根据实际资料，选取一套科学而严密的生物统计学分析方法。例如，研究某转基因水稻品种的产量特征，我们可获得不同植株、不同地区、不同批次的结穗数。从这些杂乱的数据中，很难直接看出其规律性，如果采用生物统计学方法对其进行整理、分析，就可以了解转基因水稻与非转基因水稻产量之间的关系，以及不同地区该转基因水稻的产量是否存在显著差异，为进一步的深入研究提供科学依据。

（3）正确评价试验结果的可靠性。在生命科学研究中，试验单元间的差异除了试验处理外，还存在一些无法控制的偶然因素对试验结果的影响。例如，在比较转基因与非转基因水稻产量时，可以采用对比设计、分两个区块进行试验，尽管施肥、管理、浇水等耕作技术都一致，但由于不同区块土壤肥力必然存在一定的差异、每株水稻的生理生化特性的差异，以及其他一些不可控的因素对水稻产量均存在一定的影响。因而，每株水稻的产量必然包括转基因的真实效应以及偶然因素两个效应。因此，我们在分析结果时，只有正确区分这两种效应，判断它们各自效应的大小，才能对试验结果作出科学可靠的结论。根据不同的资料类型，生物统计学提供了推断试验结果可靠性的不同方法。

1.4 生物统计学的特点及其学习方法

在生物统计学的教学中，一些学生反映生物统计学比较难懂，这主要是因为生物统计学是生物科学与数理统计的交叉学科，涉及的数学公式、数学概念、数学符号及数学用表等较多，需要付出较多的时间和精力来掌握这些基本概念、基本原理和基本方法，记忆一些常用的公式和符号，理解并推导一些基本的数学表达式。事实上，生物统计学是一门逻辑性和应用性较强的学科，作为一个并非专门从事生物统计学原理与方法研究的人员，其主要目的是应用生物统计学方法解决生产和研究中遇到的实际问题，无需一一推导和记忆复杂的数学公式。因此，为了便于学习，本教材中基本原理和分析方法均有具体软件的操作实例，可操作性强，并在每一章的后面附有复习思考题。在具体学习过程中，应首先掌握基本概念、基本原理，看懂例题，理解分析结果；然后结合常用的生物统计分析软件（Minitab、DPS、SPSS等）练习复习思考题，达到掌握各种统计分析方法的目的。在学习中，应注意以下5个方面。

第一，必须理论联系实际，结合专业知识，不可忽视专业知识的重要性。生物统计对试验数据提供收集、整理、分析的方法，并作出结论。因此，生物统计学在使相关的研究省时、省事、经济、有效的同时，可以对试验结果作出科学的推断，但必须结合专业知识进行全面综合分析才能获得客观、科学的结论。例如，某研究者测得某地区200名正常成年男性转氨酶和身高的数据，用简单相关与回归对这两个变量间的关系进行分析，并开展了正确的显著性检验，得出的结论是：可用身高去预测转氨酶的含量。显然这个结论与实际不符，缺乏专业理论知识的支撑。

第二，要理解生物统计学的基本理论和基本公式。要正确理解每一个公式和生物统计分析方法的实际含义和应用条件。例如，进行 t 检验时，要求原始资料服从 t 分布，否则可能会得出错误结论；又如，进行方差分析时必须满足其三个基本假定。如果不考虑应用条件，生搬硬套，会得出与事实不符，甚至截然相反的结果。

第三，掌握各种符号及其意义，定期整理所学过的公式与符号，不必深究其数学推导过程。因此，平时需多留意国内外杂志、书籍中的图表、数据及其分析方法和对结果的解释，从而熟悉表达方法及其应用。

第四，要及时认真地做好课后习题。结合常用的生物统计分析软件（Minitab、DPS、SPSS等）加深对统计的基本理论和基本方法的理解和掌握，达到能熟练运用生物统计方法分析实际问题的目的，提高生物统计分析的效率；及时认真地复习是保证学习效果的关键。

第五，应注重培养科学的统计思维方法。生物统计意味着一种新的思考方法——从不确定性或概率角度来思考问题和分析科学试验的结果。

复习思考题

1. 什么是统计学？什么是生物统计学？

2. 生物统计学的主要理论基础有哪些？各部分之间有何联系？
3. 试从基础型生命科学研究的过程分析生物统计学在科学实践中的地位。
4. 试从应用基础型生命科学研究的过程分析生物统计学在科学实践中的地位。
5. 学习生物统计学过程中需要注意哪些问题？

第 2 章　数据的整理与分析

内容提要

生物统计学分析的第一步是资料的收集和整理。收集资料主要有调研和开展生物学试验两种方法，而资料的整理主要通过对原始资料的核查、校对，制作次数分布表和次数分布图来完成。生命科学领域的试验资料一般都具有集中性、离散性及分布形态三个基本特征：集中性主要利用算术平均数、中位数、几何平均数等反映；离散性主要通过标准差、方差、变异系数等特征数进行度量；分布形态则主要借助偏度和峰度体现。本章首先介绍总体与变量等最基本的生物统计学名词术语，继而结合实例，应用软件来阐明实验原始数据整理的具体方法，并对实验数据的特征进行统计分析，全面阐明数据资料的整理分析方法。

在科学试验与调查中，常常会得到大量的原始数据，这些对某种具体事物或现象观察的结果称为资料（data）。这些资料在统计分析前，一般是分散的、零星的和孤立的，是一堆无序的数字。为了揭示这些资料中所蕴含的科学意义，需要对其进行必要的整理分析，揭示其内在的规律。

2.1　常用统计学术语

为了更好地学习和理解后续章节的生物统计学知识，首先必须掌握以下几组生物统计学基本概念。

2.1.1　总体、个体与样本

总体（population）是指研究对象的全体，其中的每一个成员称为个体（individual）。依据构成总体的个体数目的多寡，总体可以分为有限总体（finite population）和无限总体（infinite population）。例如，研究珠母贝的壳高，因为无法估计出珠母贝的具体数量，可以认为珠母贝是无限总体。

总体的数目往往非常庞大，全部测定需要耗费大量的时间、人力和物力，甚至根本无法完全测定每一个个体；另外，有时候数据的获取过程对研究对象具有破坏性，如要测定贝壳硬度，需要压碎贝壳。因此，只能通过研究总体中的一部分个体来反映总体的特征。

从总体中随机获得部分个体的过程，称为抽样（sampling）。为了使抽样的结果具有代表性，需要采取随机抽样（random sampling）的方法，如对一个生物的总体，机会均等地抽取样本，估计其总体的某种生物学特性。简单的随机抽样的方法有抽签、抓阉、随机数字表法等。

从总体中抽取的一部分个体所组成的集合称为样本（sample）。样本中个体的数量称为样本容量、样本含量或样本大小（sample size），通常记为 n。如果 $n \leqslant 30$，则该样本为小样本；$n > 30$，该样本则为大样本。

例如，2009 年 3 月，某珍珠养殖场为了调查 2007 年繁育的 100 万只马氏珠母贝生长情况，随机取 10 笼，共 227 只马氏珠母贝。这里需要研究的 100 万只马氏珠母贝是总体，其中的每只珠母贝则是个体，随机抽取的全部 227 只马氏珠母贝是一个样本。该样本的样本容量为 227，远大于 30，属于大样本。

2.1.2　变量与常量

变量是研究对象所反映的指标，如海水中叶绿素 a 的含量，动物的体重、体长，鱼的摄食量，酶活力，细胞的直径，DNA 分子的大小等。变量通常记作 X 或 Y 等大写的英文字母，而变量的观测值可以标记为 x，称为资料或数据。例如，测量一批鱼的体长 X，我们可以随机抽取 10 尾鱼作为一个样本，测量它们的体长（x，cm），得到 10 个观测值 14.2、15.4、13.6、15.8、15.5、16.1、14.9、15.3、14.8、15.7，这里体长是变量 X，而这 10 个观测值就是样本数据 x。

按照其可能取得的值，可将变量分为连续型变量（continuous variable）和离散型变量（discrete variable）。

连续型变量是指在某一个区间内可以取任何数值的变量，其测量值可无限细分，数值之间是连续不断的。例如，50~60cm 的水稻株高为连续变量，因为在该范围内可取出无数个值，同样，分子运动速度、鱼的体重、贝类的壳高、酶活力的大小、DNA 分子的大小等都属于连续型随机变量。连续型变量需通过测量才能获得，其观测值称为连续型数据（continuous data），也称为度量数据（measurement data），如长度值、时间、重量值等。

如果变量可能取值的数值为自然数或整数，这种变量称为离散型变量，其数值一般通过计数获得，如鱼、贝的怀卵量等。离散型变量的观测值称为离散型数据（discrete data），也称为计数数据（count data）。

如果变量的取值，在一定的范围内是一个相对稳定的数值，那么这种变量称为常量（constant）。例如，在一个小的时空范围内，重力加速度是一个常量。常量的取值是一个常数，具有相对稳定性。

2.1.3　参数与统计量

统计学中把总体的指标统称为参数（parameter），把由样本算得的相应的总体指标称为统计量（statistic）。例如，2009 年 3 月，某珍珠养殖场为了调查 2007 年繁育的 100 万只马氏珠母贝生长情况，随机取 10 笼，共 227 只马氏珠母贝，测量壳高。这 227 只马氏珠母贝的壳高平均数就是统计量，而 100 万只马氏珠母贝的壳高平均数就是参数。参数常用希腊字母表示,如 μ 表示总体的平均数,σ 表示总体的标准差;统计量常用小写英文字母表示,如 x 表示样本平均数,s 表示样本标准方差等。

2.1.4 准确性与精确性

由于测量方法或测量仪器等原因,实验获得的数据和变量的真实值之间会存在一定的差异;此外,数据之间也会有差别。这种差异,通常以准确性和精确性来描述。

准确性(accuracy)也称准确度,描述量测值平均偏离目标值的程度,指在试验中某一指标的观测值与真实值的接近程度。假设试验指标的真实值为 μ,观测值为 x,则 $|x-\mu|$ 越小,x 值的准确性就越高。

精确性(precision)也称精确度、再现性(repeatability)或再生性(reproducibility),指在相同条件下对同一对象重复测量所获得的数值间的接近程度,用来描述量测值的变异程度大小。

准确性、精确性合称为正确性。由于真值 μ 常常不知道,所以准确性不易度量,但利用统计方法可度量观测的精确性。"准确"和"精确"两个概念间的相互关系如图 2-1 所示。

图 2-1 观测实验结果的准确性和精确性

2.1.5 随机误差与系统误差

随机误差(random error),是由无法控制的偶然因素导致的误差,其中最重要的是抽样误差(sampling error),即由随机抽样导致的样本与总体间的差异。扩大样本容量或增加试验次数是减小随机误差的有效途径,但不能完全消除随机误差。随机误差会影响试验的精确性。

系统误差(systematic error),又称片面误差(lopsided error),是由测量工具没校准、试验方法不完善、试验人员操作习惯或精神状态不同等因素所导致的差异。系统误差在一定程度上可以通过改进测量工具、完善实验设计、提升试验人员操作水平等手段来降低或消除。

2.2 试验资料的整理

2.2.1 原始数据的输入

通过调查或试验取得的原始资料，首先需要输入 Excel 表格。

【例 2-1】 为了调查马氏珠母贝的生长情况，随机测量某养殖场三笼马氏珠母贝的个体总重（g），共获得 128 个数据，结果如表 2-1 所示。

表 2-1 某养殖场马氏珠母贝个体总重   （单位：g）

51.98	62.57	48.80	34.01	35.80	48.50	42.30	38.72	52.31	24.02
47.64	44.31	39.67	38.28	52.08	48.18	53.98	47.78	44.49	37.72
61.68	36.99	26.49	54.52	35.67	50.76	54.34	46.45	39.96	54.07
45.77	55.86	55.78	48.80	36.77	31.82	51.89	37.78	44.81	50.39
31.55	76.77	36.06	46.81	42.65	46.47	34.73	50.11	49.88	49.39
46.34	62.39	58.88	63.86	48.02	51.33	45.51	55.68	42.25	41.87
49.18	58.92	42.00	39.68	46.71	53.85	48.78	46.00	38.70	43.66
33.36	45.08	32.32	45.70	33.76	50.57	27.36	55.47	57.71	45.32
40.94	42.65	58.52	35.52	57.51	54.57	52.33	62.29	55.11	46.06
52.81	46.47	41.16	31.83	51.96	57.59	65.07	28.96	56.83	55.97
37.40	37.39	35.65	40.70	39.93	53.14	22.70	21.44	35.44	41.44
32.83	48.05	42.47	42.12	39.38	33.44	31.15	29.87	30.22	31.85
37.27	45.97	34.80	37.08	33.17	30.92	20.47	23.45		

在某一列中输入全部测量数据，其中第一行输入标题"总重（g）"（图 2-2）。

图 2-2 某养殖场马氏珠母贝个体总重测量数据

2.2.2 绘制频数分布图

频数分布图是直观反映数据分布情况的一种常用方法。将数据按照一定的规则分成不同的组，组数用 k 表示；同一个组中的数值属于同一范围，组内包含的个体个数称为频数（f）；总频数或样本容量 n 可用公式表示为 $\sum f$，频率为 f/n。

编制连续型数据的频数分布图的一般步骤如下。

（1）从原始数据中找出最大值 $\max(x)$ 和最小值 $\min(x)$，计算极差（range，R）（也称组距），$R=\max(x)-\min(x)$。

（2）决定划分的组数，组数 L 与样本容量 n 有关，一般数据少于 100 个时，可以分为 7~10 组。数据较多时，可以分为 15~20 组。可以用公式 $L=1+\log_{10}^{n}/\log_{10}^{2}$ 计算，也可以参照表 2-2 确定。

表 2-2 样本容量与组数的关系

样本容量 n	组数 L	样本容量 n	组数 L
30~60	5~8	200~500	10~18
60~100	7~10	500 以上	15~30
100~200	9~12		

（3）依据极差与组数，确定组距。

（4）在频数表中列出全部组限与组中值。

（5）获得频数分布表，绘制频数分布图。

在统计软件中，频数分布图多以"直方图"（histogram）的形式体现，常见的统计软件都可以绘制。

下面以表 2-1 的 128 只马氏珠母贝个体总重观测值为例，分解制作频数分布表与频数分布图的过程。

可应用 Excel 解析，具体方法如下。

（1）确定极差 R。

$R=76.77-20.47=56.30$

（2）确定组数 L。

本例中 $n=128$，L 可以选取 10。

（3）确定组距 i。

$i=R/L=56.30/10=5.63$

为了分组方便，一般组距不要取小数；这里取 i 为 6。

（4）确定组中值。第一个组中值等于或小于样本最小值 + 1/2 组距，本例最小值为 20.47，组距为 6，第一个组中值 = 20 + 3 = 23；其余的组中值依次加组距确定。

（5）在 Excel 中确定接受区域。第一个接受区域数值 = 第一个组中值 + 1/2 组距 = 23 + 3 = 26，其余的接受区域数值依次加上组距，接受区域最后一个值一定大于或者等于最大值。

以上五步结果如图2-3所示。

图2-3 基本参数的确定

图2-4 Excel中频数统计输入

（6）调用函数FREQUENCY（ ）。

第一步，选中"频数"列下方的空白单元格，作为结果输出区域，输入"＝frequency"。

第二步，用鼠标选中"总重（g）"的128个观测值（或直接输入数据所在单元格"（A2：A129"），再输入","隔开。

第三步，再用鼠标选中"接受区域"的数据（或直接输入接受区域单元格"H2：H11"），输入"）"。

以上三步如图2-4所示。

按"Ctrl＋Shift＋Enter"，获得结果（图2-5）。

（7）制作频数分布图。选择频数的数据，点击菜单上的图表向导按钮，出现如图2-6所示的对话框。

（8）选择柱形图中的第一个图，点击"下一步（N）"，出现如下对话框（图2-7）。

（9）点击系列，切换对话框，点击"分类（X）轴标志（T）"的按钮（图2-8）。

（10）出现"分类（X）轴标志（T）"的对话框，选中"组中值"数据（图2-9）。

（11）点击"分类（X）轴标志（T）"对话框的，返回对话框（图2-10）。

（12）点击"下一步（N）"（图2-11）。

（13）点击"标题"，在"分类（X）轴"与"数值（Y）轴"分别输入标题"总重

第 2 章 数据的整理与分析

图 2-5 Excel 中频数统计结果

图 2-6 频数分布图的绘制

(g)"和"频数"（图 2-12）。

（14）点击"图例"，将"显示图例"前面"□"内的"√"去掉（图 2-13）。

（15）点击"完成"，即可出现结果（图 2-14）。

（16）鼠标选中条形，右键→"数据系列格式"（图 2-15）。

（17）出现对话框，点击"选项"，将"分类间距（W）"改为"0"（图 2-16）。图 2-

图 2-7　数据区域的选择

图 2-8　数据序列的设定

图 2-9 选中组中值

图 2-10 分类轴的选择

16 中 x 轴的数据 23、29 等为组中值,条形高度表示频数。

(18)点击"确定",条形之间的间隔就没有了(图 2-17)。

图 2-11　图表选项的设置

图 2-12　输入标题

图 2-13　取消显示图例

第 2 章　数据的整理与分析 　• 17 •

图 2-14　柱状图结果

图 2-15　数据系列格式的设定

图 2-16　设置分类间距

图 2-17　频数分布图

2.2.3　茎叶图

茎叶图（stem and leaf plot）又称"枝叶图"，它的基本思路是将样本中的数据按位数进行比较，将数的大小基本不变或变化不大的位作为一个主干（茎），将变化大的位的数作为分枝（叶），列在主干的后面，这样就可以清楚地看到每个主干后面的几个数，每个数具体是多少。这里仍然以128只马氏珠母贝个体总重数据为例，应用 Minitab、SPSS 等软件制作茎叶图。

1. 应用 Minitab

Minitab 统计软件是一款易于操作的数据分析软件，非常适合统计学的入门学习者。目前，在国内由上海泰珂玛信息技术有限公司（http://www.minitab.com.cn）代理，Minitab 16 提供 30 天的免费试用期。

在运行 Minitab 软件后，将显示会话和数据两个主窗口：①会话窗口，将以文本格式显示分析的结果，而且，在该窗口中还可以输入命令，无需使用 Minitab 的菜单；②数据窗口，包含一个打开的工作表，该工作表的外观与 Excel 电子表格相似。可以打开多个工作表，每个工作表位于不同的数据窗口中。

(1) 将观测值数据从 Excel 拷贝到 Minitab 的工作表中（图 2-18）。
(2) 鼠标点击菜单"图形（G）"→"茎叶图"，就会弹出对话框（图 2-19）。
(3) 点击"确定（O）"，在会话框中就会输出结果（图 2-20）。

从结果中可知：样本容量为 128（$N=128$）；叶的单位是 1.0，也就是将观测值通过四舍五入取整了。

茎叶图有三列数据：左边的一列是频数；中间一列是茎，表示测量值的十位数；右边一列是数组中的变化位，是按照大小顺序一一列出的测量值的个位数，像一条树枝上抽出的叶子一样，所以人们形象地称之为茎叶图。

第 2 章 数据的整理与分析

图 2-18 数据输入

图 2-19 导入变量

图 2-20 茎叶图结果

结果中，第一个频数是 5，茎是 2，叶是 01234，表明 20～24 范围内的观测值有 5 个，分别是 20、21、22、23、24；第二个频数是 9，茎是 2，叶是 6789，表明 26～29 范围内的观测值有 4 个（本频数 9 减去上面的频数 5），分别是 26、27、28、29；第三个频数是 25，茎是 3，叶是 0011111223333444，表明 30～34 范围内的观测值有 16 个（25－9），分别是 30、30、31、31、31、31、31、32、32、33、33、33、33、34、34、34，依此类推，直到带括号的中心的数（26），表示 45～49 范围内的观测值有 26 个。从中心数往下，当前行的观测值个数等于当前频数减去下一行频数，如倒数第四行，该行观测值数量有 5 个（本行的 7 减去下一行的 2），分别是 61、62、62、62、63。

茎叶图是一个与直方图相类似的特殊工具，但又与直方图不同，茎叶图保留了原始资料的全部信息，直方图则丢失了原始资料的信息。将茎叶图的茎和叶逆时针方向旋转

90°，实际上就是一个直方图，可以从中统计出次数，计算出各数据段的频率或百分比，从而分析其分布是否与正态分布或单峰偏态分布相似。

2. SPSS 的应用

SPSS 现名 PASW Statistics，软件主页为 www.prosoft-china.com，能提供功能更加强大的统计分析程序，包括计数、交叉列表分析、聚类、描述统计、因子分析、线性回归、聚类分析、有序回归及邻近分析法等。用 SPSS 绘制频数分布图的具体步骤如下。

（1）从 Excel 中导入数据。用 SPSS 进行描述性统计，打开 SPSS 后，可以先从 Excel 中导入数据，注意：此时被导入的 Excel 文件不能打开。导入对话框如图 2-21 所示。

图 2-21 SPSS 数据导入对话框

（2）导入后，数据即会出现在工作表中（图 2-22）。

（3）调用菜单"分析（A）"→"描述统计"→"探索（E）"（图 2-23）。

（4）"探索"对话框跳出，将"总重（g）"选入"因变量列表（D）"（图 2-24）。

（5）点击"绘制（T）"，弹出对话框，勾选"茎叶图"（图 2-25）。

（6）选择"继续"按钮返回上级对话框，点击"确定"，就可以得到结果（图 2-26）。

SPSS 的茎叶图同样也是左、中、右三列，同样分别表示频数、测量值十位数和测量值个位数。与 Minitab 的茎叶图不同的是，SPSS 茎叶图的频数就是该行测量值范围内的个数，而非累加所得。例如，第三行的 16，表示在 30～34 范围内的观测值共有 16 个，分别是 30、30、31、31、31、31、31、32、32、33、33、33、33、34、34、34。另外，图 2-26 还显示：所有数据中有一个异常值（>=77），标注为"Extremes"。

第 2 章 数据的整理与分析

图 2-22 SPSS 数据导入结果

图 2-23 SPSS 分析菜单的选择

图 2-24　变量导入

图 2-25　选中茎叶图选项

```
总重(g) Stem-and-Leaf Plot

 Frequency     Stem &   Leaf

      5.00        2 .   01234
      4.00        2 .   6789
     16.00        3 .   0011111223333444
     22.00        3 .   5555566677777788899999
     16.00        4 .   0011122222223444
     26.00        4 .   55555566666666778888888999
     19.00        5 .   0000111122223334444
     13.00        5 .   5555556777888
      5.00        6 .   12223
      1.00        6 .   5
      1.00 Extremes    (>=77)

Stem width:    10.00
Each leaf:      1 case(s)
```

图 2-26　茎叶图

2.3　试验数据的描述性统计

对于一个样本的观测值，我们可以计算它的算术平均数、样本含量、中位数、众数、最大值、最小值、极差、方差、标准差、标准误、变异系数、峰度与偏度等，即对数据进行描述统计分析。其中，算术平均数、中位数、众数、几何平均数等统计量都称平均数，是对样本数据集中趋势的度量，而极差、方差、标准差、变异系数等统计量都称变异数，是对样本数据离散程度的度量。

2.3.1　平均数

1. 算术平均数与样本容量

平均数（mean），一般是指算术平均数，由观测值的总和除以样本容量，常用 $\bar{x}$ 表示，其计算公式为：

$$\bar{x} = \frac{x_1 + x_2 + \cdots + x_n}{n} = \frac{\sum_{i=1}^{n} x_i}{n} \text{ 或是简写为 } \frac{\sum x}{n} \quad (2.1)$$

式中，x_i（$i=1$，2，$\cdots$，n）是构成样本的每个个体的观测值。

在 Excel 中，有专门的函数 average（）可以计算平均数，步骤如下。

（1）在 Excel 数据列最后的空白单元格（＄A＄130）中输入"average（"，即会出现如图 2-27 提示。

（2）选中所有数据，输入右括号"）"，即会出现如图 2-28 结果。

图 2-27　average 提示　　　　图 2-28　平均数的计算

（3）点击回车键后，单元格＄A＄130 即会出现平均数的计算结果 44.31（图 2-29）。

算术平均数具有较好的代表性，但易受极值的影响。

样本容量 n 可以用函数 count（）计算，如计算例 2-1 的样本容量 n，可以在单元格＄A＄130 中输入"＝count（A2：A129）"（图 2-30）。

图 2-29　计算结果　　　　图 2-30　count 提示

（4）回车，即可得到结果"128"。

2. 中位数

中位数（median）把一组观测值按从小到大的顺序排列，位于中间的一个数（或两个数的平均值）称为这组数据的中位数，记作 M_d。当样本数为奇数时，中位数＝第（$n+1$）/2 个数据；当样本数为偶数时，中位数是第 $n/2$ 个数据与第 $n/2+1$ 个数据的算术平均值。

在 Excel 中，中位数可以如下计算。

（1）在 Excel 中，计算中位数的函数为 median（）。例如，计算例 2-1 的样本中位数，可在数据列最后的空白单元格（＄A＄130）中输入"median（"，即会出现以下提示（图 2-31）。

（2）选中所有数据，输入右括号"）"，即会出现如下结果（图 2-32）。

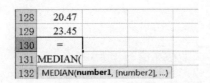

图 2-31　median 提示　　　　　　　图 2-32　中位数的计算

图 2-33　计算结果

（3）点击回车键后，单元格 ＄A＄130 即会出现中位数的计算结果 45.20（图 2-33）。

中位数不受分布数列极大值或极小值的影响，具有"抗性"，不像算术平均数那样"敏感"。当所得资料呈偏态分布或者存在极端值时，不宜用平均数衡量，中位数的代表性优于算术平均数，如收入、住房等。

【例 2-2】　某生物制品公司 33 名职工的月工资（以元为单位）如表 2-3 所示。

表 2-3　某生物制品公司职工的月工资　　　　　　　　　　　（单位：元）

职务	董事长	副董事长	董事	总经理	经理	管理员	职员
人数	1	1	2	1	5	3	20
工资	30 000	25 000	3 500	5 000	2 500	2 000	1 500

该公司的平均工资数为 3500 元，而中位数工资数为 1500 元。

3. 众数

众数（mode）是一组数据中出现次数最多的那个观测值或次数最多一组的组中值，记为 M_0。有时在一组数中有好几个众数，在 Excel 中，计算众数的函数为 mode（ ）。分析例 2-1 数据的众数的步骤如下。

（1）在 Excel 中数据列最后的空白单元格（＄A＄130）中输入"mode（"，即会出现以下提示（图 2-34）。

（2）选中所有数据，输入右括号"）"，即出现图 2-35 所示的结果。

图 2-34　mode 提示　　　　　　　图 2-35　众数的计算

（3）点击回车键后，单元格 ＄A＄130 即会出现众数的计算结果 48.80（图 2-36）。

众数不受极端值的影响，但它也没有充分利用全部数据的信息，而且还具有非唯一性。如果样本数据的分布没有明显的集中趋势或最高峰点，也可能没有众数；如果有两个最高峰点，那就有两个众数。只有在总体中比较多，而且又明显地集中于某个变量值时，计算众数才有意义。

【例 2-3】 某皮鞋制作公司希望了解消费者最需要哪种尺寸的男式皮鞋，调查了一个大型百货商场该品牌男皮鞋一年的销售情况，得到如下资料（表 2-4）。

图 2-36　计算结果

表 2-4　某品牌男式皮鞋一年的销售记录

皮鞋号码/cm	24.0	24.5	25.0	25.5	26.0	26.5	27.0
销售量/双	12	84	118	541	320	104	52

从表 2-4 中看出，25.5cm 的鞋号销售量最多，如果我们计算算术平均数，则平均号码为 25.65cm，这是没有实际意义的，因此可以利用 25.5（众数）cm 作为样本数据的集中趋势，既便捷又符合实际。

4. 几何平均数

几何平均数（geometric mean）是指 n 个观察值连乘的积的 n 次方根，记作 G。根据资料的条件不同，几何平均数有加权和不加权之分。

$$G = \sqrt[n]{x_1 \cdot x_2 \cdot \cdots \cdot x_n} = (x_1 \cdot x_2 \cdot \cdots \cdot x_n)^{\frac{1}{n}} \tag{2.2}$$

【例 2-4】 某地稻田 1994～1998 年的水稻总产量分别是上年的 107.6%、102.5%、100.6%、102.7%、102.2%，试计算稻田这 5 年总产量的平均增长速度。

$$G = \sqrt[5]{1.076 \times 1.025 \times 1.006 \times 1.027 \times 1.022} \times 100\% = 103.1\%$$

在 Excel 中，计算几何平均数的函数为"geomean（ ）"。在数据列最后的空白单元格中输入"geomean（"，即会出现以下提示（图 2-37）。

图 2-37　geomean 提示

选中所有数据，输入右括号"）"，即会出现图 2-38 所示的结果。

点击回车键后，单元格 B8 即会出现几何平均数的计算结果 1.0309。

图 2-38 几何平均数的计算

【例 2-5】 中国人民银行公布 2007 年的定期存款利率分别是：三个月 3.33%，半年 3.78%，一年 4.14%，两年 4.68%，三年 5.40%，五年 5.85%，试求平均年利率。

这里计算几何平均数时需要考虑存期，进行加权。

$$G = (\sqrt[0.25+0.5+1+2+3+5]{1.0333^{0.25} \times 1.0378^{0.5} \times 1.0414^{1} \times 1.0468^{2} \times 1.054^{3} \times 1.0585^{5}} - 1) \times 100\% = 5.27\%$$

几何平均数仅适用于具有等比或近似等比关系的数据。几何平均数受极端值的影响较算术平均数小，但是，观测值中任何一个变量值均不能为 0，如例 2-5 中，银行利率为 3.78%，计算时要写成 1.0378。这样可以避免银行利率为 0 时导致计算无意义。

2.3.2 变异数

1. 极差

极差（range）是指一个样本中最大值与最小值的差值，记作 R。在 Excel 中，可以用函数 max( )、min( ) 分别计算最大值与最小值，然后相减求得极差。

例如，例 2-1 中 128 只马氏珠母贝的极差，可以在 Excel 中用图 2-39 所示方法计算。

图 2-39 极差的计算

点击回车键，获得极差结果为 56.30。

2. 方差与标准差

方差（variance）和标准差（standard deviation）都是描述观测值围绕平均数波动程度的特征值，是判断数据变异程度最重要、最常用的指标。

方差也称均方（mean square, MS），作为统计量，样本方差常用符号 s^2 表示；作为总体参数，常用符号 σ^2 表示。

标准差是方差的平方根值，样本标准差常用 s 或 SD 表示，总体标准差则用 σ 表示。

方差是每个观测数据与该组数据平均数之差平方和的均值。本章只讨论对样本的描述，尚未涉及总体问题，故本章中方差为样本方差，用 s^2 表示，标准差用 s 表示。

Excel 中计算方差的函数为 var（），计算标准差的函数为 stdev（）。例如，计算例 2-1 中 128 只马氏珠母贝个体总重观测值的方差，可以在 Excel 中进行如下计算（图 2-40）。

图 2-40　方差的计算

回车后，可获得方差值 107.13。

同样，利用函数 stdev（），计算出 128 只马氏珠母贝个体总重观测值的标准差为 10.35。

为了说明一个样本的变异程度，常常在平均数后面加上标准差，记为 $\bar{x} \pm s$，如 128 只马氏珠母贝的测量结果可以记作 44.31 ± 10.35（g）。

在单位相同、平均数相近的情况下，标准差越大，说明观察值间的变异程度越大，即观察值围绕平均数的分布较离散，平均数的代表性较差。反之，标准差越小，表明观察值间的变异程度越小，观察值围绕平均数的分布较集中，均数的代表性较好。在研究中，对于标准差的大小，原则上应该控制在平均数的 12% 以内，如果标准差过大，将直接影响研究结果的准确性。

3. 变异系数

变异系数（coefficient of variability，CV）是衡量资料中各观测值变异程度的另一个统计量，是样本变量的相对变异量，是不带单位的一个百分数。当比较两个或多个样本相对变异程度时，如果度量单位与平均数都相同，可以直接利用标准差来比较。如果单位不同或平均值相差较大时，比较其变异程度就不能采用标准差，而需要采用变异系数来进行比较。变异系数记作 CV，其计算公式为：

$$CV = \frac{s}{\bar{x}} \times 100\% \tag{2.3}$$

例如，2003 年 4 月在海南陵水黎安港同时繁殖了马氏珠母贝三亚与流沙两个群体，养殖在陵水黎安港，2005 年 3 月分别对两个群体随机取样，测量其壳高（单位：cm）分别为 6.68 ± 0.86、6.27 ± 0.25，可以通过分别计算出两个群体各自的变异系数比较它们的变异程度，CV 计算结果分别为 12.86% 与 10.32%，表明流沙群体的壳高变异程度要比三亚群体的变异程度小，即流沙群体长得更整齐。

4. 偏度与峰度

偏度（skewness）与峰度（kurtosis）都是次数分布曲线的特征，是相对于正态分布曲线而言的。在生产与科学研究中所遇到的很多随机变量都服从或近似服从正态分布，正态分布曲线是一种左右对称的钟形曲线，曲线特征由总体平均数 μ 与总体标准差

σ 决定。曲线关于 $x=\mu$ 对称；而 σ^2 决定曲线形状，σ^2 越小，曲线越陡峭，σ^2 越大，曲线越平坦。

偏度是描述某变量取值分布对称性的统计量。在 Excel 中，偏度可以用 skew（）计算。Skewness=0，分布形态与正态分布相同；Skewness>0，长尾巴拖在右边；Skewness<0，长尾巴拖在左边（图 2-41）。

图 2-41 偏度

峰度（kurtosis）是描述某变量所有取值分布形态陡缓程度的统计量。在 Excel 中，峰度可以用 kurt（）计算。峰度是和正态分布相比较的。Kurtosis=0，与正态分布相同；Kurtosis>0，比正态分布的高峰陡峭——尖顶峰；Kurtosis<0，比正态分布的高峰平缓——平顶峰（图 2-42）。

图 2-42 峰度

2.3.3 标准误

在实际工作中，我们无法直接了解研究对象的总体情况，经常采用随机抽样的方法，获得所需要的指标，即样本统计量。样本统计量与总体参数之间存在的差异，称为抽样误差（sampling error），其大小通常采用标准误（standard error）表示，总体标准误用 $\sigma_{\bar{x}}$ 表示，样本标准误用 $s_{\bar{x}}$ 表示。标准误反映的是同一总体中不同样本的平均数之间的差异，而标准差描述单个样本中各个观测值之间的离散程度，因此，标准误与标准差是完全不同的两个概念。

标准误用来衡量抽样误差，标准误越小，表明样本统计量与总体参数的值越接近，样本对总体的代表性越好，用样本统计量推断总体参数的可靠性越大。因此，标准误是统计推断可靠性的指标。样本的标准误一般用 $s_{\bar{x}}$ 表示，标准误的大小与标准差成正比，而与样本含量 n 的平分根成反比，这就是为什么在具体开展试验时可通过增加样本含量来降低试验误差的缘由。标准误的计算公式为：

$$s_{\bar{x}} = \frac{s}{\sqrt{n}} \tag{2.4}$$

例如，例 2-1 的样本数据，128 只马氏珠母贝的标准差为 10.35g，可以计算标准误 $s_{\bar{x}}=10.35/\sqrt{128}=0.915$g。

2.3.4 统计软件在描述性统计中的应用

随着计算机的不断发展，已开发出一系列相关软件可以快速有效地对大量统计资料进行描述性统计分析，常见的有 Excel、Minitab、DPS、SPSS 等，下面介绍各种软件在描述统计中的具体使用方法和步骤。

1. Excel 的应用

以 128 只马氏珠母贝个体总重观测值为例（原始数据见表 2-1），用 Excel 进行描述性统计。

默认安装的 Excel 没有描述性统计分析的菜单选项，需要先进行如下设置。

(1) 点击"工具（T）"→"加载宏（I）"（图 2-43）。

图 2-43 加载宏

（2）对话框中，在"分析工具库"前打"√"，点击"确定"（图2-44）。

图2-44　选中分析工具库

（3）此时，点击"工具（T）"，就会出现"数据分析（D）"这个子菜单（图2-45）。

图2-45　Excel的统计分析菜单

（4）点击"数据分析（D）"，出现如下对话框（图2-46）。
（5）选择"描述统计"，出现如下对话框（图2-47）。

图2-46　Excel描述统计分析功能

图2-47　描述统计对话框

第 2 章 数据的整理与分析 · 31 ·

(6) 点击"输入"→"输入区域"右侧的 ，出现如下对话框（图 2-48）。

图 2-48 数据输入框

(7) 将第一列数据的标题"总重（g）"选中（图 2-49）。

图 2-49 Excel 单元格选择

(8) 按住 shift 键，选择全部数据。

(9) 点击对话框右侧的 ▣（图 2-50）。

图 2-50 选中数据区域

(10) 返回上级对话框，在"标志位于第一行"前面的"□"内打"√"，然后选择

"输出区域"(图 2-51)。

图 2-51　对话框的选择

这里选择 C 列第一行作为输出起始区域（C1）(图 2-52)。

图 2-52　输出区域的选择

(11) 返回上级对话框，点击"确定"，得到如下结果（图 2-53）。

以上是 128 只马氏珠母贝个体总重的描述统计分析结果（单位：g）。平均值为 44.314 92，标准误差是 0.914 862，中位数是 45.2，众数是 48.8，标准差是 10.350 48，方差是 107.132 5，等等。

2. Minitab 的应用

这里依然以例 2-1 中 128 只马氏珠母贝的个体总重观测值为例，采用 Minitab 软件

	A	B	C	D	E	F	G	H
1	总重(g)		总重(g)					
2	51.98							
3	62.57		平均	44.31492188				
4	48.80		标准误差	0.914862127				
5	34.01		中位数	45.2				
6	35.80		众数	48.8				
7	48.50		标准差	10.35048342				
8	42.30		方差	107.1325071				
9	38.72		峰度	-0.089788444				
10	52.31		偏度	0.057706986				
11	24.02		区域	56.3				
12	47.64		最小值	20.47				
13	44.31		最大值	76.77				
14	39.67		求和	5672.31				
15	38.28		观测数	128				
16	52.08		最大(1)	76.77				
17	48.18		最小(1)	20.47				
18	53.98		置信度(95.0%)	1.810347025				

图 2-53　描述性统计分析结果

来进行描述性统计分析。

（1）输入数据，可以直接从 Excel 中复制后粘贴到工作表中（图 2-54）。

图 2-54　数据输入

（2）调用菜单，"统计（S）"→"基本统计量（B）"→"显示描述性统计（D）"，如图 2-55 所示。

（3）对话框：用鼠标点击"C1 总重"，再点击"选择"，"C1 总重"就会到"变量

图 2-55 Minitab 分析菜单的选择

图 2-56 变量的导入

(V)"中。也可以采用鼠标双击"C1 总重"的方法将"C1 总重"选择到"变量（V）"中（图 2-56）。

（4）单击"统计量（S）",出现如下对话框，选择我们需要的统计量,在其前面的"□"中打"√",这里我们选择均值、均值标准误、标准差、方差、变异系数、中位数、众数、极差、峰度、偏度、N 非缺失等统计量（图 2-57）。

（5）点击"确定（O）"返回上级对话框，再次点击"确定（O）",即可在会话框中出现如下结果（图 2-58）。

图 2-57 统计量的选择

图 2-58 描述性统计分析结果

这里一次性获得了 128 只马氏珠母贝个体总重观测值的统计量：样本容量 n 为 128，平均值是 44.315，平均值标准误是 0.915，标准差是 10.350，方差是 107.133，变异系数是 23.36%，中位数是 45.200，极差是 56.300。有 3 个众数：42.65、46.47、48.8，每个众数都出现 2 次。偏度是 0.06，峰度是 −0.09。

3. DPS 的应用

DPS 统计软件（http://www.chinadps.net）是目前国内唯一一款实验设计及统计分析功能齐全的多功能统计分析软件包，提供了十分方便的可视化操作界面，可以借助图形处理的数据建模功能处理复杂的模型。《DPS 数据处理系统》作为软件的配套说明书已于 2010 年再版。

DPS 同样也具备对样本进行描述性统计的功能，具体分析过程如下。

（1）输入数据与选择数据（图 2-59）。

图 2-59 数据的录入与选择

将 Excel 中的 128 只马氏珠母贝个体总重观测值拷贝到 DPS 中。

（2）描述性统计：描述性统计主要有两种方法。

第一种方法为：选中全部数据，注意不要选择"总重"，点击鼠标右键→"基本参数"，即可出现图 2-60 所示结果。

图 2-60 统计分析结果

此时样本数、平均值、中位数、最大值、最小值、标准差即可显示；如果进一步点击"正态性检验"，则偏度与峰度也会显示，非常直观。

第二种方法为：依次选择菜单"数据分析"→"基本参数估计"，描述性统计结果就会在另外一个工作表中呈现（图 2-61）。

图 2-61 描述性统计分析结果

此时 DPS 显示样本数、均值、中位数、方差、标准差等统计描述特征；在正态性检验中，还会显示偏度与峰度。

4. SPSS 的应用

（1）从 Excel 中导入数据，点击菜单"分析（A）"→"描述统计"→"描述（D）"（图 2-62）。

图 2-62 SPSS 描述统计分析功能菜单

（2）出现如下对话框（图 2-63）。

（3）选中"总重（g）"，点击" "使其进入变量框中。点击"选项（O）"，出现子对话框（图 2-64）。

图 2-63 SPSS 描述统计对话框　　　　图 2-64 SPSS 描述性统计选项对话框

(4) 勾选所需要的统计量，点击"继续"，返回描述性对话框，再点击"确定"，即可出现图 2-65 所示结果。

描述统计量

	N	极小值	极大值	均值		标准差	方差	偏度		峰度	
	统计量	统计量	统计量	统计量	标准误	统计量	统计量	统计量	标准误	统计量	标准误
总重(g)	128	20.47	76.77	44.3149	.91486	10.35048	107.133	.058	.214	-.090	.425
有效的 N（列表状态）	128										

图 2-65　SPSS 描述性统计分析结果

2.4　试验数据中异常值的分析

异常值（outlier），也称离群值，是指样本中明显偏离所属样本的其余观测值的个别数据。异常值可能是总体固有的随机变异性的极端表现，这种异常值和样本中其余观测值属于同一总体；还可能是由试验条件和试验方法等偶然因素导致的，或者是观测、计算、记录中的失误所致，这种异常值和样本中其余观测值不属于同一总体，必须剔除。

对于可疑的异常值，需要经过统计假设检验决定去留。如果经检验仅仅是极端值，那么要将其保留；如果是各种偶然因素或失误所致异常值，则要剔除。检查异常值常用的方法有 3S 法、狄克逊（以下软件中译为"狄克松"）法和格拉布斯法，它们都适用于正态分布的总体研究。

2.4.1　3S 法

当样本容量 $n>10$ 时，如果某个观察值（x_i）与其测量结果的算术平均值（$\bar{x}$）之差大于 3 倍标准差 s，即 $|x_i-\bar{x}|>3s$ 时，则该测量数据应舍弃。这是美国混凝土标准中所采用的方法，由于该方法是以 3 倍标准差作为判别标准，所以也称 3 倍标准差，简称 3S 法。

取 3S 的理由是：根据随机变量的正态分布规律，在多次试验中，测量值落在 $\bar{x}\pm 3s$ 范围内的概率为 99.73%，出现在此范围之外的概率仅为 0.27%，也就是在近 400 次试验中才能遇到一次，这种事件为小概率事件，出现的可能性很小（几乎是不可能）。因而在实际试验中，一旦出现，就认为该测量数据是不可靠的，应将其舍弃。

对 128 只马氏珠母贝的个体总重观测值用 DPS 进行 3S 法异常值检验可按照下面步骤进行：

图 2-66　DPS 菜单的选择

(1) 拷贝、选择数据，调用菜单"数据分析"→"异常值检验"（图 2-66）。

(2) 跳出对话框，在"检验分析方法"下面选择"3S 法"，默认 P 值为 0.05（图 2-67）。

(3) 点击对话框的"确定"，获得结果，观测值 76.77 为异常值（图 2-68）。

图 2-67 对话框的选择

图 2-68 3S 分析结果

2.4.2 Dixon 检验法

Dixon 检验法也称 Q 检验法，适用于样本容量为 3～30 的小样本，DPS 可以直接调用菜单进行 Dixon 检验，要求样本容量 $n>3$。

【例 2-6】 现有一个样本，12.2、11.5、12.8、14.8、22.2、19.2、25.7、12.7、9.8、35、15.3、11.3、21.1、18.5、19.5，用 Dixon 检验法寻找异常值。

可运用 DPS 解题，具体方法如下。

(1) 输入数据与选择数据（不选择标题行），选择菜单"数据分析"→"异常值检验"（图 2-69）。

图 2-69 狄克松检验菜单的选择

(2) 弹出对话框,在"检验分析方法"下面选择"狄克松(Dixon)法"(图2-70)。

(3) 点击"确定",获得结果(图2-71)。

图2-70　对话框的选择

图2-71　Dixon检验结果

弹出的对话框显示:第10行数据35为异常值,需要剔除。在数据列中,35所在的单元格已经用黄色突出显示。

2.4.3　Grubbs 检验法

Grubbs 检验法也称 ESD (extreme studentized deviate) 法,样本容量要 ≥ 3,一般样本容量在50以上更好,也可以检验一个样本或多个样本中的异常值。数学上已证明,在一组测定值中只有一个异常值的情况下,Grubbs 法在各种检验法中是最优的。DPS可以直接调用菜单进行 Grubbs 检验,要求样本容量 $n \geq 4$。这里依然采用例2-6的数据。

可应用 DPS 解题,具体方法如下。

(1) 输入数据并选中所有数据(不选择标题行),选择菜单"数据分析"→"异常值检验"(图2-72)。

(2) 弹出对话框,在"检验分析方法"下面选择"格拉布斯(Grubbs)法"(图2-73)。

(3) 点击"确定",获得结果(图2-74)。

弹出的对话框结果显示:第10行数据35为异常值。在数据列中,35所在的单元格已经用黄色突出显示。

若数据中存在2个或2个以上异常值时,采用 Grubbs 法很可能检验不出异常值,此时 Dixon 检验判别出最大值是异常值的概率往往比 Grubbs 检验要高一些,这主要是因为 $n>10$ 时 Dixon 检验采用了避开次大值而检查最大值与第3大值之间的关系。

第 2 章 数据的整理与分析 · 41 ·

图 2-72　Grubbs 检验菜单的选择　　　　图 2-73　Grubbs 检验选项

图 2-74　Grubbs 检验分析结果

2.4.4　箱线图

箱线图（boxplot），也称箱须图（box-whisker plot），从中可以粗略地看出数据分布的对称性、离散程度等信息，特别是可以用于对几个样本的比较。

箱线图作为描述统计工具之一，可直观明了地判别出数据中的异常值。

1. SPSS 的应用

以 128 只马氏珠母贝个体总重数据为例（原始数据参考表 2.1），可以通过 SPSS 的探索分析得到茎叶图、箱线图，找出异常值。

(1) 调用菜单"图形(G)"→"旧对话框(L)"→"箱图(X)"（图 2-75）。

图 2-75 菜单的选择

(2) 在弹出的"箱图"对话框中，选择"简单"，在"图表中的数据为"下面选择"各个变量的摘要(V)"（图 2-76）。

(3) 点击"定义"，将变量"总重(g)"选择到"框的表征(B)"下面（图 2-77）。

图 2-76 箱图对话框选择

图 2-77 定义对话框的操作

（4）点击"确定"，输出结果（图2-78）。

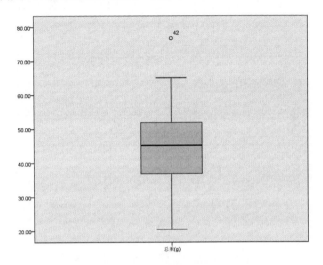

图2-78　箱线图结果

箱线图表明，第42个观测值（76.77）是异常值。

2. Minitab的应用

依旧采用128只马氏珠母贝个体总重观测值。

（1）调用菜单"统计"→"基本统计量"→"显示描述性统计"。

（2）弹出对话框，选择"图形（R）…"，进入图形对话框，勾选"数据箱线图（B）"（图2-79）。

图2-79　数据箱线图菜单的选择

（3）点击确定，返回"显示描述性统计"对话框，再选择"确定（O）"输出结果（图2-80）。

图 2-80　箱线图结果

图 2-80 中 * 号表示异常值，将鼠标移到 * 处，即会显示"异常值符号，行 42：总重（g）=76.77"。

3. DPS 的应用

（1）选择数据后，调用菜单"数据分析"→"统计图表"→"box 图"（图 2-81）。

图 2-81　box 图菜单的选择

（2）显示结果，76.77 为异常值（图 2-82）。

（3）点击"保存图形"，可以将箱线图保存到所需目录下；点击右上角的，可以在新的工作表中输出结果，显示异常数据点在 42 行（图 2-83）。

图 2-82　box 图分析结果

图 2-83　分析结果

2.4.5　概率图法

在 Minitab 中，可以用概率图来评估样本的正态性，显示正态分布以外的异常值。以 128 只马氏珠母贝总重数据为例（原始数据参考表 2.1），可以通过以下步骤绘制概率图。

（1）调用菜单"图形"→"概率图"，弹出对话框，选择"单一"（图 2-84）。

（2）点击"确定（O）"，进入"概率图-简单"对话框，选择"总重"进入"图形变量"（图 2-85）。

（3）点击"确定（O）"，输出结果，弹出总重（g）的概率图，可以看到一个红色的点在正态分布范围之外，鼠标移到该点即会显示该点的位置与值（图 2-86）。

图 2-84　概率图菜单的选择

图 2-85　变量导入

图 2-86　概率图分析结果

复习思考题

1. 解释下列基本概念并比较两者间的异同：总体与样本、变量与常量、参数与统计量、准确性与精确性、随机误差与系统误差。

2. 资料有哪几种类型？请说说它们之间的区别和联系。

3. 什么是描述性统计？描述性统计中主要有哪些统计量？如何开展描述性统计？具体有哪些方法或软件可以实现描述性统计？

4. 什么是异常值？检验异常值具体有哪些方法？

5. 以 50 枚受精蛋孵化出雏鸡的天数（表 2-5）为例，试制作频数分布表与频数分布图。

表 2-5　50 枚受精蛋孵化出雏鸡的天数　　　　　（单位：天）

21	20	20	21	23	22	22	22	21	22	20	23	22	23	22	19	22	23
24	22	19	22	21	21	21	22	22	24	22	21	21	22	22	23	22	22
21	22	22	23	22	23	22	22	22	23	23	22	21	22				

6. 某市 1996 年 104 名 8 岁男童身高（cm）资料如表 2-6 所示，请对该资料进行描述性统计分析，并解释其生物学意义。

表 2-6　某市 1996 年 104 名 8 岁男童身高资料　　　　　（单位：cm）

117.3	119.6	121.9	125.1	117.0	115.4	124.7	120.1	123.0	122.8
120.6	121.5	125.0	125.9	123.2	126.6	122.0	127.6	125.1	120.1
119.5	126.1	126.4	125.6	118.9	130.4	124.9	125.8	126.1	120.9
116.1	124.0	124.6	118.7	119.1	121.9	118.0	117.0	114.6	123.9
116.0	125.3	123.6	123.6	126.4	115.5	119.2	114.0	123.4	126.6
117.3	113.6	127.6	120.5	113.6	130.2	128.3	118.2	124.7	122.4
118.8	123.1	122.7	126.6	127.8	125.9	110.5	124.8	115.2	119.4
128.0	116.7	132.4	129.3	121.7	115.0	120.4	122.1	127.0	135.3
125.7	111.2	124.3	124.2	124.7	121.7	121.3	124.1	119.9	121.7
113.8	116.7	129.9	128.5	126.5	122.8	120.1	118.2	122.5	127.7
124.9	123.3	120.3	125.7						

7. 对某地 20 例 30～40 岁健康男子血清总胆固醇（mol·L^{-1}）进行测定，测定结果为：4.77、3.37、8.14、3.95、3.56、4.23、4.31、4.71、5.69、4.12、4.56、4.37、5.39、6.30、5.21、7.22、5.54、3.93、5.21、6.51。测定的数据是否异有异常值？如果有，请找出异常值。

第 3 章 概率分布与抽样分布

内容提要

第 2 章介绍了如何进行单个样本资料的搜集与整理，但资料统计并不在于描述单个样本，而是要用样本的统计数来推断其所属总体的参数，这就是统计推断。学习统计推断之前，首先要了解概率分布，然后再学习统计数的分布，即抽样分布。

概率分布是统计推断的基础，根据大数定理，当样本容量 n 足够大时，可用样本统计量推断总体参数的特征。常见的理论分布主要有离散型随机变量的二项分布、泊松分布和连续型随机变量的正态分布。当 n 较大或 p 与 q 很接近时，二项分布趋近于正态分布；当 λ 足够大时，泊松分布也趋近于正态分布。

从总体中进行抽样时必须采用随机原则进行返置或非返置式抽样，所抽出样本的统计量分布主要有平均数的抽样分布、平均数差数的分布、t 分布、χ^2 分布及 F 分布等；这是进行统计推断的重要理论基础。

3.1 概率基础知识

3.1.1 随机试验与随机事件

如果试验在相同条件下可以重复，试验结果可能不止一个，试验前知道会有哪些可能的结果，但不能肯定是哪一个结果，那么我们称这个试验为随机试验（random trial），简称试验（trial）。例如，在一定条件下，孵化 5 个鸡蛋，观察其出雏情况，可能的孵出情况是 6 种，即 0 个、1 个、2 个、3 个、4 个、5 个中的一种，但事先不知能孵出几只小鸡，该试验就是随机试验。

随机试验的每一种可能结果，在一定条件下可能发生，也可能不发生，称为随机事件（random event），简称事件（event）。

3.1.2 概率的定义

在相同条件下进行 n 次重复试验，如果随机事件 A 发生的次数为 m，那么 m/n 称为随机事件 A 的频率（frequency）；当试验重复数 n 逐渐增大时，随机事件 A 的频率越来越稳定地接近某一数值 P，那么就把 P 称为随机事件 A 的概率（probability）。

例如，为了确定抛掷一枚硬币发生正面朝上这个事件的概率，历史上有人做过成千上万次抛掷硬币的试验。表 3-1 中列出了他们的试验记录。

表 3-1　历史上抛掷一枚硬币发生正面朝上的试验记录

实验者	投掷次数/次	发生正面朝上的次数/次	频率（m/n）
摩根	2 048	1 061	0.518 1
蒲丰	4 040	2 048	0.506 9
卡尔·皮尔逊	12 000	6 019	0.501 6
卡尔·皮尔逊	24 000	12 012	0.500 5

由表 3-1 可看出，随着实验次数的增多，正面朝上这个事件发生的频率越来越稳定地接近 0.5，我们就把 0.5 作为这个事件的概率。

在一般情况下，随机事件的概率 P 是不可能准确得到的。通常以试验次数 n 充分大时随机事件 A 的频率作为该随机事件概率的近似值，即：

$$P(A) = P \approx m/n \quad (n 充分大) \tag{3.1}$$

对于任何事件 A，有 $0 \leqslant P(A) \leqslant 1$。

3.1.3 小概率事件

随机事件的概率表示了随机事件在一次试验中出现的可能性大小。若随机事件的概率很小，如小于 0.05、0.01、0.001，称之为小概率事件。小概率事件虽然不是不可能事件，但在一次试验中出现的可能性很小，不出现的可能性很大，以至于实际上可以看成是不可能发生的。在统计学上，把小概率事件在一次试验中看成是实际不可能发生的事件，称为小概率事件实际不可能性原理，也称为小概率原理，这是统计学上进行假设检验（显著性检验）的基本依据。在第 4 章介绍显著性检验的基本原理时，将详细叙述小概率事件实际不可能性原理的具体应用。

3.2　概　率　分　布

做一次试验，其结果有多种可能。每一种可能结果都可用一个数来表示，把这些数作为变量 x 的取值范围，则试验结果可用变量 x 来表示。

如对 100 尾病鱼用某种药物进行治疗，其可能结果是"0 尾治愈"、"1 尾治愈"、"2 尾治愈"、"…"、"100 尾治愈"；若用 x 表示治愈尾数，则 x 的取值为 0、1、2、…、100。如孵化一枚种蛋可能结果只有两种，即"孵出小鸡"与"未孵出小鸡"；若用变量 x 表示试验的两种结果，则可令 $x=0$ 表示"未孵出小鸡"，$x=1$ 表示"孵出小鸡"。这类试验结果的变量 x 的取值范围只能是 0 与正整数，称为离散型随机变量（discrete random variable）。

如测定某品种猪初生重，表示测定结果的变量 x 所取的值为 0.5～1.5kg，x 值可以是这个范围内的任何实数，这类变量 x 称为连续型随机变量（continuous random variable）。

引入随机变量的概念后，对随机试验概率分布的研究就转为对随机变量概率分布的研究了。

3.2.1 离散型随机变量的概率分布

要了解离散型随机变量 x 的统计规律，就必须知道它的一切可能值 x_i 及取每种可能值的概率 P_i。

以鸡蛋孵化试验为例，该批鸡蛋的孵化率为 0.8，如果取 5 枚鸡蛋进行孵化，那么孵出小鸡的结果有 6 种，即 0 个、1 个、2 个、3 个、4 个、5 个中的一种，孵出数是离散型变量 x，对应的孵出概率为 P，可以用表 3-2 来表示随机变量 x 的概率分布。

表 3-2　某批鸡蛋孵出数的概率分布

孵出数（x）	0	1	2	3	4	5
概率（P）	0.0003	0.0064	0.0512	0.2048	0.4096	0.3277

我们可以在 Excel 中作出 5 枚鸡蛋孵出的概率分布图（图 3-1）。

图 3-1　5 枚鸡蛋孵出的概率分布图

我们可以将孵出 3 只小鸡的概率记为 $P(x=3)=0.2048$。如果离散型随机变量 x 的一切可能取值 $x_i(i=1,2,\cdots,n)$，对应的概率为 P_i，那么 x 的概率分布可以记作：

$$P(x=x_i)=P_i \quad (i=1,2,\cdots,n) \tag{3.2}$$

显然离散型随机变量的概率分布具有 $P_i \geqslant 0$ 和 $\sum P_i = 1$ 这两个基本性质。

3.2.2 连续型随机变量的概率分布

离散型变量每个取值都有一个概率，可以把每个概率一一列出来。但连续型随机变量可能取的值是不可数的，如体长、体重、蛋重、DNA 分子质量等，对应的概率分布就无法用直方图来一一列举表示，考虑各个可取点上的概率已经没有意义，此时我们改用随机变量 x 在某个区间内取值用概率分布密度函数 $f(x)$ 表示。若记体重概率分布密度函数为 $f(x)$，则 x 取值于区间 $[a,b]$ 的概率 $P(a \leqslant x \leqslant b)$ 为图 3-2 中阴影部分的面积。

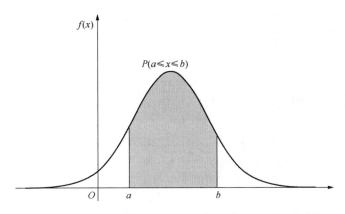

图 3-2　连续型随机变量 x 在区间 $[a, b]$ 的概率密度曲线

当 x 取值于区间 $[a, b]$，对应的概率 $P(a \leqslant x \leqslant b)$ 可以用式（3.3）表示：

$$P(a \leqslant x \leqslant b) = \int_a^b f(x) \mathrm{d}x \tag{3.3}$$

可见，连续型随机变量 x 的概率 P 由概率分布密度函数 $f(x)$ 确定。对于随机变量 x 在区间 $(-\infty, +\infty)$ 内进行抽样，对应的概率密度曲线如图 3-3 所示。

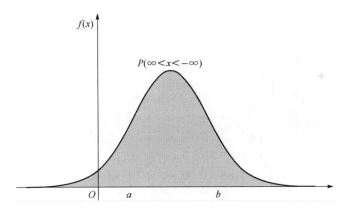

图 3-3　x 在区间 $(-\infty, +\infty)$ 取值时，其概率为 1

当 x 取值于区间 $(-\infty, +\infty)$ 时，对应的概率 $P(-\infty, +\infty)$ 为 1，即：

$$P(-\infty < x < +\infty) = \int_{-\infty}^{+\infty} f(x) \mathrm{d}x = 1 \tag{3.4}$$

式（3.4）表示概率密度函数 $f(x)$ 曲线与 x 轴围成的面积为 1。

3.3　二项分布

3.3.1　二项分布的概念及概率函数

二项分布（binomial distribution）是离散型变量分布的一种，生物学研究中常碰到这类变量，如动物是雌性还是雄性、对患者治疗是有效还是无效、种子萌发还是不萌发、后代成活还是死亡、酶有活性还是没有活性、基因表达还是不表达等。这类随机事件只具有两种相互排斥的结果，二项分布就是对这类离散型随机事件进行描述的一种概率分布。

这类试验只有两种结果，发生的概率为 p，不发生的概率为 $q(q=1-p)$，且各次试验结果相互独立。如果进行 n 次类似试验，则该事件发生 k 次的概率用式(3.5)表示：

$$P(x=k) = C_n^k p^k q^{n-k} \quad (k=0,1,2,\cdots,n) \tag{3.5}$$

这时，称 x 为服从参数 n、p 的二项分布，记作 $B(n,p)$。

二项分布的概率累积函数可以用式(3.6)表示：

$$F(x) = \sum_{x=0}^{i} P(x) \tag{3.6}$$

二项分布具有以下特征：①服从二项分布的变量 x 的平均数为 $\mu=np$，方差为 $\sigma^2=npq$；②二项分布的曲线形状由 n 与 p 两个参数决定，当 p 较小（如 $p=0.1$）且 n 较小时，二项分布是偏倚的；③随着 n 增大，分布逐渐趋于对称（图 3-4）。当 p 值趋于 0.5 时，分布趋于对称，如图 3-5 所示；④当 n 较大，p 接近 0.5，二项分布更接近正态；⑤当 $n\to\infty$，二项分布趋近于正态分布。

图 3-4 n 值不同，p 值相同的二项分布

3.3.2 二项分布的概率计算

【例 3-1】 某批鸡蛋的孵化率是 0.90，现从该批鸡蛋中任选 5 枚进行孵化，试求：①孵出 3 只小鸡的概率；②至多孵出 3 只小鸡的概率；③至少孵出 3 只小鸡的概率。

本题中，$n=5$，$p=0.90$，$q=1-p=0.10$，孵化 5 枚鸡蛋，孵出小鸡的概率服从二项分布 $B(5, 0.90)$。

(1) 孵出 3 只小鸡的概率为 $P(x=3)$，如图 3-6 所示。

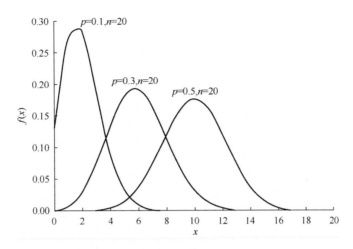

图 3-5　n 值相同，p 值不同的二项分布

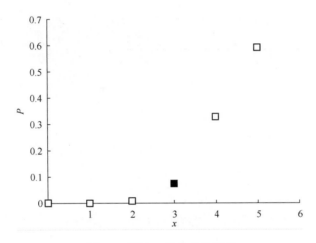

图 3-6　孵出 3 只小鸡的概率

（2）至多孵出 3 只小鸡的概率如图 3-7 所示。
$$P(x \leqslant 3) = P(x=0) + P(x=1) + P(x=2) + P(x=3)$$
（3）至少孵出 3 只小鸡的概率如图 3-8 所示。
$$P(x \geqslant 3) = 1 - P(x \leqslant 2) = 1 - [P(x=0) + P(x=1) + P(x=2)]$$

1. Excel 的应用

Excel 有专门计算二项分布的函数，该函数的格式为 BINOMDIST（i，n，p，0 或 1）。其中，i 是事件发生的次数；n 是试验进行的次数；p 是事件发生的概率；0 或 1 是逻辑值，当为 0 时，返回事件发生 i 次的概率，当为 1 时，返回事件至多发生 i 次的概率。利用 Excel 来分析例 3-1 中的问题。

（1）孵出 3 只小鸡的概率为 BINOMDIST（3，5，0.9，0），在 Excel 中，将 i、n、p

图 3-7　至多孵出 3 只小鸡的概率

图 3-8　至少孵出 3 只小鸡的概率

依次写出，在需要计算二项分布概率 P 的单元格中输入＝BINOMDIST（3，5，0.9，0）（图 3-9）。

图 3-9　孵出 3 只小鸡的概率

按回车键后即可得到结果 0.0729。

（2）至多孵出 3 只小鸡的概率为 $P(x\leqslant 3)$，在 Excel 中，将 i、n、p 依次写出，在需要计算二项分布概率 P 的单元格中输入＝BINOMDIST（3，5，0.9，1）（图 3-10）。

图 3-10　至多孵出 3 只小鸡的概率

按回车键后即可得到结果 0.081 46。

（3）至少孵出 3 只小鸡的概率为 $P(x\geqslant 3)=1-P(x\leqslant 2)$，在 Excel 中，将 i、n、p 依次写出，在需要计算二项分布概率 P 的单元格输入＝1－BINOMDIST（2，5，0.9，1）（图 3-11）。

图 3-11　至少孵出 3 只小鸡的概率

按回车键后即可得到结果 0.991 44。

2. Minitab 的应用

Minitab 具有专门进行概率作图与计算的功能。

（1）例 3-1 中，$n=5$，$p=0.90$，孵出 3 只小鸡的概率为 $P(x=3)$，可以在 Minitab 中采用以下步骤解题。

① 调用菜单"图形"→"概率分布图"，得到以下对话框（图 3-12）。

② 选择"查看概率"，点击"确定（O）"，得到以下对话框，在"分布（D）"中的

图 3-12　概率分布图菜单

下拉条选择"二项","试验数（N）"填入 5,"成功事件概率（E）"填入 0.9,再点击"阴影区域"（图 3-13）。

图 3-13　分布对话框的设置

③ 在"定义阴影区域按"下面选择"X 值（X）"的中间,两个 X 值均填 3（图 3-14）。

④ 点击"确定（O）",得到二项分布计算结果如图 3-15 所示。

⑤ 结果显示,当 $x=3$ 时,概率为 0.0729。

（2）对于例 3-1 中第二个问题,至多孵出 3 只小鸡的概率,我们可以在第③步定义阴影区域按下面选择"X 值（X）"的"左尾",X 值写 3（图 3-16）。

点击"确定（O）",得到计算结果如图 3-17 所示。

结果显示,当 $x\leqslant 3$ 时,概率为 0.0815。

（3）对于例 3-1 中第三个问题,至少孵出 3 只小鸡的概率,我们可以在第③步定义阴影区域按下面选择"X 值（X）"的"右尾","X 值（V）"写 3（图 3-18）。

点击"确定（O）",得到结果如图 3-19 所示。

图 3-14 阴影区域对话框的设置

图 3-15 二项分布计算结果

结果显示,当 $x \geqslant 3$ 时,概率为:0.991。

【例 3-2】 某杂交水稻品种在田间出现变异植株的概率为 0.0045,试计算:①调查 100 株,至少获得两株变异植株的概率是多少?②期望有 0.99 的概率至少获得 3 株变异植株,至少应该调查多少株?

1. Excel 的应用

(1) $P(x \geqslant 2)=1-P(x \leqslant 1)$,可以调用函数,在 Excel 中直接计算:①在需要计算二项分布概率 P 的单元格中输入=1-BINOMDIST(1,100,0.0045,1);②按回车键后即可得到结果 0.0751。

图 3-16　阴影区域对话框的设置

图 3-17　计算结果

(2) $P(x \geqslant 3)=1-P(x \leqslant 2)=1-$ BINOMDIST (2, n, 0.0045, 1) $=0.99$, BINOMDIST (2, n, 0.0045, 1) $=0.01$, 在 Excel 中用代入法找出 n 值, 为 1865 株。

2. Minitab 的应用

$P(x \geqslant 2)$, 采用以下步骤解题。

(1) 调用菜单"图形"→"概率分布图", 得到以下对话框(图 3-20)。

(2) 选择"查看概率", 点击"确定 (O)", 得到以下对话框(图 3-21), 在"分布 (D)"下面的下拉条选择"二项", "试验数 (N)"填入 100, "成功事件概率 (E)"填

第3章 概率分布与抽样分布

图3-18 阴影区域对话框的设置

图3-19 计算结果

图3-20 概率分布图对话框

入 0.0045，再点击"阴影区域"。

图 3-21　概率分布对话框的设置

(3) 在"定义阴影区域按"下面选择"X 值（X）"的"右尾"，"X 值（V）"写 2（图 3-22）。

图 3-22　阴影区域对话框的设置

(4) 点击"确定（O）"，得到结果如图 3-23 所示。

结果显示，当 $x \geqslant 2$ 时，概率为 0.0751。

对于例 3-2 中问题②，Minitab 没有较好的解决方法。因此，针对不同的问题，我们应结合不同软件的功能进行选择。

图 3-23　二项分布计算结果

3.4　泊　松　分　布

3.4.1　泊松分布特征

泊松分布常用来描述和分析在单位空间或时间里随机发生的事件，如每毫升水中大肠杆菌的数量，每平方米草地上蝗虫的数量，动物产畸胎的数量，一个显微镜视野中染色体有变异的细胞数等，这些都是服从或近似服从泊松分布的。单位空间或时间里发生的小概率事件数记作 λ，如每天平均有 3 台机器发生故障，$\lambda=3$，每天机器发生故障的概率分布服从泊松分布。

$$P(x=k) = \frac{\lambda^k \mathrm{e}^{-\lambda}}{k!} \tag{3.7}$$

式中，$k=1,2,3,\cdots$。式 (3.7) 称为随机变量 x 服从参数为 λ 的泊松分布，记作 $x \sim P(\lambda)$。

泊松分布其实是二项分布的一种特殊形式。当二项分布的 p 很小而 n 很大，且 $\mu=np$ 时，二项分布就变成泊松分布。服从泊松分布的总体 x 的平均数 μ 和方差 σ^2 均为 λ。

泊松分布图的形状由参数 λ 决定。当 λ 较小时，泊松分布是偏倚的。随着 λ 增大，分布逐渐趋于对称，如图 3-24 所示。

3.4.2　泊松分布概率的计算

【例 3-3】 根据统计资料，某城市平均每天发生交通事故 2.5 起。试求在一天内发生 5 起交通事故的概率。

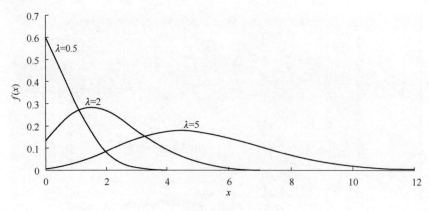

图 3-24 λ 值不同的泊松分布

1. Excel 的应用

Excel 有专门计算泊松分布的函数，该函数的格式为 poisson（k，λ，0 或 1）。其中，k 是事件发生的次数；λ 为单位空间或时间内平均发生的事件数；0 或 1 是逻辑值，当为 0 时，返回事件发生 k 次的概率，当为 1 时，返回事件至多发生 k 次的概率。

例 3-3 中，在一天内发生 5 起交通事故的概率为 poisson（5，2.5，0）。

（1）在 Excel 中，将 k、λ 依次写出。

（2）在需要计算泊松分布概率 P 的单元格中输入=poisson（5，2.5，0）（图 3-25）。

图 3-25 泊松分布的计算

（3）点击"回车"即可得到结果：0.0668。

2. Minitab 的应用

（1）调用菜单"图形"→"概率分布图"，得到对话框如图 3-26 所示。

（2）选择"查看概率"，点击"确定（O）"，得到对话框如图 3-27 所示，在"分布"的下拉条中选择 Poisson，"均值（M）"填入 2.5，再点击"阴影区域"。

（3）在"定义阴影区域按"下面选择"X 值（X）"的中间，"X 值 1（V）"填写 5，"X 值 2（A）"填写 5（图 3-28）。

第 3 章 概率分布与抽样分布 · 63 ·

图 3-26 概率分布图对话框

图 3-27 分布对话框的设置

图 3-28 阴影区域对话框的设置

(4) 点击"确定（O）"，得到如图 3-29 所示结果。

图 3-29　泊松分布概率计算结果

结果显示，当 $x=5$ 时，概率为 0.0668。

3.5　正　态　分　布

3.5.1　正态分布特征

正态分布是一种连续型随机变量的概率分布，是统计理论和应用上最常用，也是最重要的一种分布形式。在生产与科学研究中所遇到的很多随机变量都服从或近似服从于正态分布，如试验误差，鱼的体长、体重，年降雨量等一般都服从正态分布。在一定的条件下，离散型或其他类型的随机变量可以转换为正态分布。如在 p 接近 0.5，n 较大时，二项分布接近正态分布；当 λ 较大时，泊松分布接近于正态分布。

正态分布的概率密度函数为：

$$f(x) = \frac{1}{\sigma\sqrt{2\pi}} e^{-\frac{1}{2}\left(\frac{x-\mu}{\sigma}\right)^2} \tag{3.8}$$

式中，μ 为总体平均数；σ 为总体标准差；π 为圆周率。正态分布记作 $X \sim N(\mu, \sigma^2)$。

如图 3-30 所示，正态分布具有以下特征。

(1) 正态分布曲线为一个单峰型钟形曲线，呈 $x=\mu$ 对称。

(2) 正态分布曲线在 $x=\mu$ 处达到最高点，然后往左右两边下降，越接近两边，$f(x)$ 值越小，但 $f(x)$ 永远不会等于 0，因此正态分布以 x 轴为接近性，x 的取值范围为 $(-\infty, +\infty)$；

(3) 正态分布的曲线形状完全由参数 μ 和 σ 决定。μ 决定了正态分布曲线在 x 轴上的位置，σ^2 决定了曲线形状，σ^2 越小，曲线越陡峭，σ^2 越大，曲线越平坦。

(4) 正态分布曲线在 $x=\mu\pm\sigma$ 处各有一个拐点。

(5) X 在区间 $\mu\pm\sigma$ 范围内的概率为 0.6827；X 在区间 $\mu\pm2\sigma$ 范围内的概率为

0.9545；X 在区间 $\mu\pm3\sigma$ 范围内的概率为 0.9975。

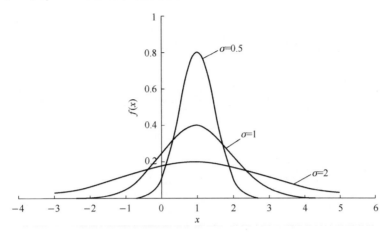

图 3-30　正态分布曲线

3.5.2　标准正态分布

$\mu=0$，$\sigma=1$ 时的正态分布称为标准正态分布。对于任何一个服从正态分布 $N(\mu, \sigma^2)$ 的随机变量 X，可以令 $u=\dfrac{x-\mu}{\sigma}$，这样 u 就服从 $N(0，1)$ 的标准正态分布，也称 u 分布。

3.5.3　正态分布概率的计算

【例 3-4】　u 服从正态分布 $N(0，1)$，试求：①$P(u\leqslant1)$；②$P(u>1)$；③$P(-2.0<u\leqslant1.5)$；④$P(|u|>2.58)$。

1. Excel 的应用

Excel 中专门用于计算正态分布的函数是 normdist，其格式为 normdist=(x，μ，σ，0 或 1)。其中，x 是需要计算其分布的数值；μ 是总体平均数；σ 是总体标准差；0 或 1 是逻辑值，当为 0 时，返回概率密度函数值，当为 1 时，返回累积概率密度函数值。利用 Excel 计算例 3-4 如下。

(1) 计算 $P(u\leqslant1)$，$\mu=0$，$\sigma=1$，在 Excel 中，在需要计算正态分布概率 P 的单元格中输入=normdist (1，0，1，1)，按回车键即可得到结果 0.8413 (图 3-31)。

(2) $P(u>1)=1-P(u\leqslant1)$，在 Excel 中，在需要计算正态分布概率 P 的单元格中输入=1-normdist (1，0，1，1)，点击回车键即可得到结果 0.1587 (图 3-32)。

(3) $P(-2.0<u\leqslant1.5)=P(u\leqslant1.5)-P(u\leqslant-2)$，在 Excel 中，在需要计算正态

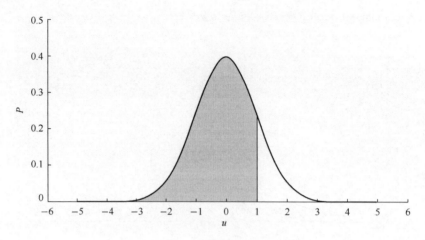

图 3-31　$u \leqslant 1$ 的累积概率密度函数值

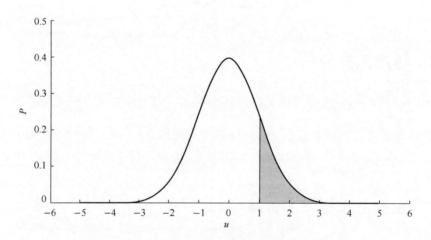

图 3-32　$u > 1$ 的累积概率密度函数值

分布概率 P 的单元格中输入 normdist (1.5, 0, 1, 1) −normdist (−2, 0, 1, 1)，点击回车键即可得到结果 0.910 44（图 3-33）。

(4) $P(|u|>2.58)=1-P(|u|<2.58)=1-[P(u \leqslant 2.58)-P(u \leqslant -2.58)]$，在 Excel 中，在需要计算正态分布概率 P 的单元格中输入 1−[normdist(2.58,0,1,1)−normdist(−2.58,0,1,1)]，点击回车键，即可得到结果 0.009 88（图 3-34）。

2. Minitab 的应用

(1) $P(u \leqslant 1)$，$\mu=0$，$\sigma=1$，在 Minitab 中，分析过程如下。

① 调用菜单"图形"→"概率分布图"，得到对话框如图 3-35 所示。

② 选择"查看概率"，点击"确定（O）"，得到对话框如图 3-36 所示，在"分布"下拉条的"分布（D）"中选择"正态"，"均值（M）"填入 0，"标准差（S）"填入 1.0，再点击"阴影区域"。

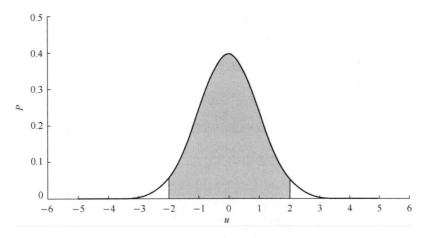

图 3-33 $-2.0 < u \leqslant 1.5$ 的概率密度函数值

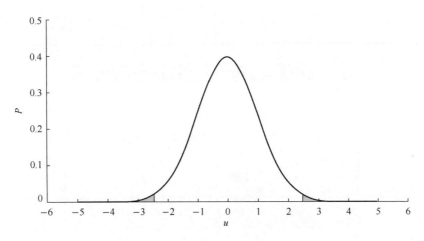

图 3-34 $|u| > 2.58$ 的概率密度函数值

图 3-35 概率分布图对话框

③ 在"定义阴影区域按"下面选择"X 值（X）"的"左尾"，"X 值（V）"写 1

图 3-36　分布对话框的设置

(图 3-37)。

图 3-37　阴影区域对话框的设置

④ 点击"确定（O）"，得到如图 3-38 所示结果。

结果显示，当 $u \leqslant 1$ 时，概率为 0.841。

(2) $P(u>1)$。

① 调用菜单"图形"→"概率分布图"，弹出对话框如图 3-39 所示。

② 选择"查看概率"，点击"确定（O）"，得到对话框如图 3-40 所示，在"分布"下拉条"分布（D）"中选择"正态"，"均值（M）"填入 0.0，"标准差（S）"填入 1.0，再点击"阴影区域"。

③ 在"定义阴影区域按"下面选择"X 值（X）"的"右尾"，"X 值（V）"写 1

图 3-38 正态分布计算结果

图 3-39 概率分布图对话框

图 3-40 分布对话框的设置

(图 3-41)。

图 3-41 阴影区域对话框的设置

④ 点击"确定（O）"，即会得到结果，如图 3-42 所示。

图 3-42 $u>1$ 时，正态分布累积概率值

结果显示，当 $u>1$ 时，概率为 0.159。

(3) $P(-2.0< u \leqslant 1.5)$

① 调用菜单"图形"→"概率分布图"，弹出对话框如图 3-43 所示。

② 选择"查看概率"，点击"确定（O）"，得到对话框如图 3-44 所示，在"分布"下拉条"分布（D）"中选择"正态"，"均值（M）"填入 0.0，"标准差（S）"填入 1.0，再点击"阴影区域"。

③ 在"定义阴影区域按"下面选择"X 值（X）"的"中间"，"X 值 1（V）"写 −2，"X 值 2（A）"写 1.5（图 3-45）。

④ 点击"确定（O）"，即会得到结果如图 3-46 所示。

图 3-43　概率分布图对话框

图 3-44　分布对话框的设置

图 3-45　阴影区域对话框的设置

图 3-46 $-2.0 < u \leqslant 1.5$ 时，正态分布的累积概率密度函数值

结果显示，当 $-2.0 < u \leqslant 1.5$ 时，概率为 0.910。

(4) $P(|u| > 2.58)$。

① 调用菜单"图形"→"概率分布图"，弹出对话框如图 3-47 所示。

图 3-47 概率分布图对话框

② 选择"查看概率"，点击"确定（O）"，得到对话框如图 3-48 所示，在"分布"下拉条"分布（D）"中选择"正态"，"均值（M）"填入 0.0，"标准差（S）"填入 1.0，再点击"阴影区域"。

③ 在"定义阴影区域按"下面选择"X 值（X）"的"双尾"，"X 值（V）"写 2.58（图 3-49）。

④ 点击"确定（O）"，即会得到 $P(|u| > 2.58)$ 的计算结果（图 3-50）。

结果显示，$|u| > 2.58$ 时的概率 $P = 0.00494 \times 2 = 0.00988$。

【例 3-5】 调查某小麦品种 50 个穗的穗长，得到 $\bar{x} = 15.7\text{cm}$，$s = 1.02\text{cm}$。试求：

① 该小麦穗长的 95% 正常值范围。

② 穗长 > 16cm 的概率。

当该小麦穗长的 95% 处于正常范围时，如图 3-51 所示，95% 的正常范围为中间部分，其余 5% 分布在两尾，每尾各有 2.5%。

图 3-48 分布对话框的设置

图 3-49 阴影区域对话框的设置

1. Excel 的应用

$P(x \leqslant x_1) = 2.5\%$，$P(x \leqslant x_2) = 97.5\%$，根据题意计算如下：

(1) 找出 x_1 与 x_2 这两个临界点的取值。Excel 中专门计算这种正态分布临界值的函数是 Norminv，其格式为 Norminv(p, μ, σ)。其中，p 是临界点的累积概率；μ 是总体平均数；σ 是总体标准差。函数返回的就是临界点 x 的取值。

① 根据题意，在 Excel 中需要计算正态分布概率 P 的单元格中输入＝norminv

图 3-50 $|u|>2.58$ 时，正态分布的累积概率密度函数值

图 3-51 正态分布曲线示意图

(2.5%，15.7，1.02)，按回车键即可得到结果：$x_1=13.70$。

② 输入 = norminv(97.5%，15.7，1.02)，按回车键即可得到结果：$x_2=17.70$。

(2) $P(x>16)=1-P(x\leqslant 16)$。

在 Excel 中，在需要计算正态分布概率 P 的单元格中输入 = 1 − normdist(16，15.7，1.02，1)，按回车键即可得到结果 0.3843。

2. Minitab 的应用

(1) 该小麦穗长的 95% 正常值范围，即双尾概率和为 5%。

①调用菜单"图形"→"概率分布图"，弹出对话框如图 3-52 所示。

②选择"查看概率"，点击"确定(O)"，得到对话框如图 3-53 所示，在"分布"下拉条"分布(D)"中选择"正态"，"均值(M)"填入 15.7，"标准差(S)"填

图 3-52 概率分布图对话框

入 1.02,再点击"阴影区域"。

③在"定义阴影区域按"下面选择"概率（P）","概率（R）"写 0.05（图 3-54）。

图 3-53　分布对话框的设置

图 3-54　阴影区域对话框的设置

④点击"确定（O）",即会得到结果如图 3-55 所示。

图 3-55　95%范围内 x_1 和 x_2 的临界值

从结果可以看出，$13.7 \leqslant x \leqslant 17.7$ 是该小麦穗长的 95% 正常值范围。

（2）穗长>16cm 的概率。

①调用菜单"图形"→"概率分布图",弹出对话框如图 3-56 所示。

②选择"查看概率",点击"确定（O）",得到对话框如图 3-57 所示,在"分布"下拉条"分布（D）"中选择"正态","均值（M）"填入 15.7,"标准差（S）"填入 1.02,再点击"阴影区域"。

图 3-56　概率分布图对话框

③ 在"定义阴影区域按"下面选择"X 值（X）"的"右尾"，"X 值（V）"写 16（图 3-58）。

④ 点击"确定（O）"，即会得到如图 3-59 所示结果。

结果显示，$x>16$ 时的概率为 0.384。

图 3-57　分布对话框的设置

图 3-58　阴影区域对话框的设置

图 3-59　$x>16$ 时正态分布的累积概率密度值

3.6　正态分布的检验

3.6.1　安德森–达令检验

安德森–达令（Anderson-Darling，AD）检验是估计偏离正态性的最有效的统计方法之一，对于样本容量小于或者等于 25 的抽样很有效，大样本也适用。此检验是将样本数据的经验累积分布函数与假设数据呈正态分布时的期望分布进行比较，AD 值越小，表明分布对数据的拟合度越好。

【例 3-6】以第 2 章 128 只马氏珠母贝总重观测值为例，检验该样本是否服从正态分布。

1. Minitab 的应用

1) 第一种方法

(1) 将样本数据从 Excel 中拷贝到 Minitab 工作表中，点击菜单"统计(S)"→"基本统计量(B)"→"正态性检验(N)"（图3-60）。

图 3-60　正态性检验的选择

(2) 弹出"正态性检验"对话框，将"总重（g）"选择到"变量(V)"中，"正态性检验"选择"Anderson-Darling(A)"（图 3-61）。

(3) 点击"确定(O)"，即可得到结果，如图 3-62 所示。

结果是一个概率图，样本观测值越贴近图中直线就越接近正态分布。检验结果的 P 值为 0.838，大于 0.05，表明 128 个观测值是服从正态分布的。

图 3-61　变量的导入

2) 第二种方法

(1) Minitab 还提供了"Anderson-Darling"检验：点击菜单"图形"→"概率图"，弹出对话框如图 3-63 所示，选择"单一"。

(2) 点击"确定(O)"，弹出对话框，将"总重（g）"选择到"图形变量(G)"中（图 3-64）。

图 3-62 正态性检验的分析结果

图 3-63 概率图

图 3-64 图形变量的导入

(3) 点击"确定（O）"，即可得到结果（图 3-65）。

图 3-65 概率图的分析结果

概率图中，样本观测值越贴近图中直线就越趋向正态分布。图 3-65 中结果显示，虽然有一个观测值在正态分布之外，但检验结果的 P 值为 0.838，大于 0.05，表明 128 个观测值是服从正态分布的。

3.6.2 夏皮洛-威尔克检验

夏皮洛-威尔克（Shapiro-Wilk）检验也称 W 检验，这个检验适应的样本量为 $8 < n < 50$，SPSS 具备该项检验功能。

应用 SPSS 解此题，具体方法如下。

(1) 将 128 个马氏珠母贝总重观测值中的前 50 个样本数据从 Excel 中拷贝到 SPSS 工作表中，定义变量为"总重 g"，点击菜单"分析（A）"→"描述统计"→"探索（E）"（图 3-66）。

图 3-66　探索菜单的选择

(2) 弹出"探索"对话框，将"总重（g）"选择到"因变量列表（D）"中（图 3-67）。
(3) 点击"绘制（T）"，在弹出的对话框中勾选"带检验的正态图（O）"（图 3-68）。

图 3-67　因变量的导入

图 3-68　图对话框的设置

(4) 点击"继续"，返回上级对话框，点击"确定"，即可得到结果（图 3-69）。

Shapiro-Wilk 检验结果中，P 值为 0.244，大于 0.05，表明 50 个观测值服从正态分布。

正态性检验

	Kolmogorov-Smirnov[a]			Shapiro-Wilk		
	统计量	df	Sig.	统计量	df	Sig.
总重(g)	.083	50	.200[*]	.971	50	.244

a. Lilliefors 显著水平修正
*. 这是真实显著水平的下限。

图 3-69　正态性检验的分析结果

3.6.3　柯尔莫哥洛夫-斯米诺夫检验

柯尔莫哥洛夫-斯米诺夫（Kolmogorov-Smirnov）检验也称 D 检验，该检验适用于大样本。

1. Minitab 的应用

（1）将样本数据从 Excel 中拷贝到 Minitab 工作表中，点击菜单"统计（S）"→"基本统计量（B）"→"正态性检验（N）"（图 3-70）。

图 3-70　正态性检验菜单的选择

图 3-71　变量的导入

（2）弹出"正态性检验"对话框如图 3-71 所示，将"总重（g）"选择到"变量（V）"中，"正态性检验"选择"Kolmogorov-Smirnov（K）"。

（3）点击"确定（O）"，即可得到结果（图 3-72）。

结果是一个概率图，样本观测值越贴近图中直线就越接近正态分布。检验结果

图 3-72 正态性检验分析结果

$P>0.150$，表明 128 个观测值是服从正态分布的。

2. SPSS 的应用

（1）将 128 个样本数据从 Excel 拷贝到 SPSS 工作表中，定义变量名为"总重 g"，点击菜单"分析（A）"→"描述统计"→"探索（E）"（图 3-73）。

图 3-73 探索菜单的选择

（2）将"总重（g）"选择到"因变量列表（D）"中（图 3-74）。

（3）点击"绘制（T）"，弹出"探索：图"子对话框，勾选"带检验的正态图（O）"（图 3-75）。

（4）点击"继续"返回上级对话框，点击"确定"即可得到结果（图 3-76）。

Kolmogorov-Smirnov 的检验结果中，P 值为 0.200，大于临界值，表明 128 个观测值服从正态分布。这里 SPSS 给出了 Kolmogorov-Smirnov 与 Shapiro-Wilk 两种检验，一般当

样本容量小于 50 时用后者，此时 $n>50$，应以 Kolmogorov-Smirnov 检验结果为准。

图 3-74　因变量的导入

图 3-75　图对话框的设置

正态性检验

	Kolmogorov-Smirnov[a]			Shapiro-Wilk		
	统计量	df	Sig.	统计量	df	Sig.
总重(g)	.041	128	.200[*]	.993	128	.785

a. Lilliefors 显著水平修正

*. 这是真实显著水平的下限。

图 3-76　正态性检验的分析结果

3.6.4　DPS 的应用

DPS 提供了正态检验，而且一次性给出了 Shapiro-Wilk、Kolmogorov-Smirnov、D'Agostino、Epps_Pulley 4 种方法。具体过程如下。

（1）将样本数据从 Excel 中拷贝到 DPS 工作表中。

（2）选择数据（注意不要选择标题行）。

（3）点击菜单"数据分析"→"正态性检验"，即可得到结果（图 3-77）。

4 种检验方法都认为 128 只马氏珠母贝总重数据符合正态分布。Epps_Pulley 这种检验方法主要适用于 $n>8$ 的样本。

```
正态性检验
矩法
项目    参数      z值       p值
偏度    0.0577   0.2696             0.7874
峰度   -0.0898  -0.2113             0.8327
Jarque-Bera(JB)                     0.9495

Shapiro - Wilk    W=0.993077    P=0.785352
Kolmogorov-Smirnov  D=0.040786   p>0.1500
D'Agostino    D=0.283087   p>0.10
Epps_Pulley TEP=0.049075    Z=-0.72272, p=0.76507
```

图 3-77　正态性检验的分析结果

3.7　统计量的分布

生物统计学的核心问题是研究总体与从总体中随机抽样所构成的样本之间的关系，

这种关系可从两个方向进行研究：一是从样本到总体，即统计推断（statistical inference），这部分内容将在第 4 章详细讨论；二是从总体到样本，即抽样分布（sampling distribution），是本节重点讨论的内容。对于一个总体而言，我们可以从中随机抽取样本容量相同的若干个样本，从这些样本计算出的某个统计量所有取值也会服从一定的概率分布，称之为该统计量的分布，也就是抽样分布。

3.7.1 样本平均数的分布

假如有一个总体，共有 N 个观测值，每次从中抽取 n 个样本，每个样本的平均值分别为 $\bar{x}_1, \bar{x}_2, \bar{x}_3, \cdots$，那么这些平均值 $\bar{x}_1, \bar{x}_2, \bar{x}_3, \cdots$ 也构成一个样本，我们同样可以计算出样本平均数的均值 $\mu_{\bar{x}}$、方差 $\sigma_{\bar{x}}^2$ 这两个特征数。样本平均数的特征数与总体参数、样本特征数之间具有如下关系。

（1）样本平均数的平均数 $\mu_{\bar{x}}$ 等于总体的平均数 μ，即 $\mu_{\bar{x}} = \mu$。

（2）样本平均数的方差 $\sigma_{\bar{x}}^2$ 等于总体方差 σ^2 除以所抽样本容量 n，即 $\sigma_{\bar{x}}^2 = \dfrac{\sigma^2}{n}$。进而有样本平均数的标准误 $\sigma_{\bar{x}} = \dfrac{\sigma}{\sqrt{n}}$。

（3）如果从正态总体 $N(\mu, \sigma^2)$ 进行抽样，那么样本平均数 $\bar{x}$ 构成的样本也是正态分布，具有平均值 μ 和方差 σ^2/n，记作 $N\left(\mu, \dfrac{\sigma^2}{n}\right)$。

（4）如果总体不服从正态分布，但有平均值 μ 和方差 σ^2，当样本容量 n 不断增大，样本平均数 $\bar{x}$ 的分布也越来越接近正态分布，且具有平均数 μ 和方差 σ^2/n，这称为中心极限定理。这个性质对于连续型变量或非连续型变量都适用。不论总体为何种分布，当样本容量 $n \geqslant 30$ 时，就属于大样本，就可以应用中心极限定理，认为平均数 $\bar{x}$ 的分布也是正态分布，这时可对样本平均数进行标准化，使 $u \sim N(0, 1)$。

$$u = \frac{\bar{x} - \mu_{\bar{x}}}{\sigma_{\bar{x}}} = \frac{\bar{x} - \mu}{\sigma/\sqrt{n}} \tag{3.9}$$

3.7.2 样本平均数差数的分布

假如从两个独立正态总体 $N(\mu_1, \sigma_1^2)$ 与 $N(\mu_2, \sigma_2^2)$ 取样。每次从 $N(\mu_1, \sigma_1^2)$ 中抽取样本 n_1 个，每个样本的平均值分别为 $\bar{x}_1, \bar{x}_2, \bar{x}_3, \cdots$，我们也可以计算平均值 $\mu_{\bar{x}}$、方差 $\sigma_{\bar{x}}^2$ 这两个特征值；从 $N(\mu_2, \sigma_2^2)$ 抽取样本 n_2 个，每个样本的平均值为 $\bar{y}_1, \bar{y}_2, \bar{y}_3, \cdots$，同样可以计算平均值 $\mu_{\bar{y}}$、方差 $\sigma_{\bar{y}}^2$ 这两个特征数。两个样本平均数差 $\bar{x} - \bar{y}$ 也可以构成一个新的样本，这个由 $\bar{x} - \bar{y}$ 构成的新样本的特征数与两个总体、样本的特征数之间有如下规律。

（1）两个样本平均数差 $\bar{x} - \bar{y}$ 的平均数 $\mu_{\bar{x} - \bar{y}}$ 等于：

$$\mu_{\bar{x} - \bar{y}} = \mu_1 - \mu_2 = \mu_{\bar{x}} - \mu_{\bar{y}} \tag{3.10}$$

(2) 两个样本平均数差 $\bar{x}-\bar{y}$ 的方差 $\sigma_{\bar{x}-\bar{y}}$ 等于：

$$\sigma_{\bar{x}-\bar{y}}^2 = \frac{\sigma_1^2}{n_1} + \frac{\sigma_2^2}{n_2} = \sigma_{\bar{x}}^2 + \sigma_{\bar{y}}^2 \tag{3.11}$$

(3) 两个样本平均数差 $\bar{x}-\bar{y}$ 的分布也是正态分布，服从 $N(\mu_1-\mu_2, \sigma_{\bar{x}-\bar{y}}^2)$。

3.7.3 t 分布

根据样本平均数抽样分布的性质（3），我们知道：从正态总体 $N(\mu,\sigma^2)$ 进行抽样，那么样本平均数 $\bar{x}$ 构成的样本也是正态分布，具有平均值 μ 和方差 σ^2/n，记作 $N(\mu, \frac{\sigma^2}{n})$，令 $u = \frac{\bar{x}-\mu}{\sigma/\sqrt{n}}$，则 $u \sim N(0, 1)$。当总体方差 σ^2 未知时，用样本方差 s^2 来估计 σ^2，这时候，$\frac{\bar{x}-\mu}{s_{\bar{x}}}$ 就不再服从标准正态分布了，而是服从自由度（degree of freedom，df）$df=n-1$ 的 t 分布，即：

$$t = \frac{\bar{x}-\mu}{s_{\bar{x}}} = \frac{\bar{x}-\mu}{s/\sqrt{n}} \tag{3.12}$$

式中，$s_{\bar{x}}$ 为样本平均数的标准误，是 $\sigma_{\bar{x}}$ 的估计值。

自由度是指计算某一统计量时，取值不受限制的变量的个数。通常 $df=n-k$，其中 n 为样本含量，k 为被限制的条件数或变量个数，或计算某一统计量时用到其他独立统计量的个数。自由度通常用于抽样分布中。

t 分布是英国统计学家 Gosset 于 1908 年以笔名"Student"所发表的论文中提出的，因此也称学生氏 t 分布。t 分布具有以下特征（图 3-78）。

(1) t 分布曲线以 $t=0$ 为轴，左右对称，在 $t=0$ 处取最大值，然后向两侧递减。

(2) 每一个自由度 $df=n-1$ 都有一条 t 分布曲线与之对应。

(3) 与正态分布相比，t 分布顶部偏低，尾部偏高，当自由度 $df \geqslant 30$ 时，t 分布曲线接近正态分布曲线，当自由度 $df \to \infty$ 时，t 分布曲线与正态分布曲线重合。

(4) 与正态分布一样，t 分布曲线与横轴所围成的面积也等于 1。各种 df 下的 t 值可以用 Excel 函数 tdist 计算。

图 3-78　正态分布曲线与不同 df 的 t 分布曲线的比较

1. 已知 df，求单尾或双尾概率 P

1) Excel 的应用

t 分布在不同自由度下的双尾概率及单尾概率，Excel 有专门的函数可对其进行计算：tdist$(x, df, 1$ 或 $2)$。例如，当 $t=3$，$df=15$ 时的双尾概率与单尾概率，可以用 tdist 函数进行如下计算。

(1) 在 Excel 中任意空白单元格中输入"=tdist（3，15，2）"，回车即可得到 $t=3$，$df=15$ 时的双尾概率为 0.0090。

(2) 在 Excel 中任意空白单元格中输入"=tdist（3，15，1）"，回车即可得到 $t=3$，$df=15$ 时的单尾概率为 0.0045。

2) Minitab 的应用

(1) 在 Excel 中，tdist（3，15，2）返回的是 $|x|>3$ 的概率，用 Minitab 的概率分布图可以显示，如图 3-79 所示。

(2) 在 Excel 中，tdist（3，15，1）返回的概率是 $x>3$ 的概率。用 Minitab 的概率分布图可以显示，如图 3-80 所示。

图 3-79　$df=15$，$|x|>3$ 的双尾概率值　　图 3-80　$df=15$，$x>3$ 的单尾概率值

2. 当 df 一定，双尾概率 P 已知，如何求对应的 t 值

当 df 一定，概率 P 已知，求对应的 t 值，Excel 也有对应的函数进行计算：tinv(P, df)。例如，已知 $df=8$，求 $P=0.1$ 时对应的 t 值，可以在 Excel 中任意空白单元格中输入"=tinv（0.1，8）"，回车即可得到结果 1.86。

1) Excel 的应用

如已知 $df=8$，求 $P=0.05$ 时对应的 t 值。

(1) 可以在 Excel 任意空白单元格中输入"=tinv（0.05，8）"。

(2) 回车即可得到结果 2.31。

另外，Excel 的 tinv(P, df) 函数的 P 指的是双尾概率，而返回的临界值仅仅有

大于零的一个，另外一个对称的小于零的临界值没有给出。

2) Minitab 的应用

Minitab 则很好地解决了这类问题，如已知 $df=8$，求 $P=0.1$ 对应的 t 值。

（1）在 Minitab 中点击菜单"图形"→"概率分布图"，弹出对话框如图 3-81 所示。

（2）选择"查看概率"，点击"确定（O）"，弹出对话框如图 3-82 所示。

图 3-81 概率分布图对话框

图 3-82 分布对话框的设置

（3）在"分布"中选择 t，"自由度（E）"填入 8，点击"阴影区域"，结果如图 3-83 所示。

（4）选择"双尾"，"概率（R）"填 0.1，点击"确定（O）"，即可得到如图 3-84 所示结果。

图 3-83 阴影区域对话框的设置

图 3-84 $df=8$，双尾概率 $P=0.1$ 的 t 临界值

因此，当 $df=8$，$P=0.1$ 时双尾临界值为 -1.86 与 1.86。同样也可以求出当 $df=8$，$P=0.05$ 时双尾临界值为 -2.31 与 2.31（图 3-85）。

3. 当 df 一定，单尾概率 P 已知，求对应的 t 值

1) Excel 的应用

当 $df=8$，$P=0.05$ 时，求 t 概率分布图上右尾临界值。此时，可用 Excel 的 tinv

(P, df) 函数解题。

(1) 可以在 Excel 中任意空白单元格中输入"=tinv(0.05*2, 8)"。

(2) 回车即可得到结果 1.86。

如果求 t 概率分布图上左尾临界值，Excel 函数不能计算 $P<0$ 的部分，此时我们可以根据 t 分布对称特性，先得到 $P>0$ 的临界值，也就知道了左尾临界值。

图 3-85　$df=8$，双尾概率 $P=0.05$ 的 t 临界值

2) Minitab 的应用

当 $df=8$，$P=0.05$ 时，求 t 概率分布图上右尾临界值。

(1) 在 Minitab 中，点击菜单"图形"→"概率分布图"，弹出对话框如图 3-86 所示。

(2) 选择"查看概率"，点击"确定（O）"，弹出对话框如图 3-87 所示。

图 3-86　概率分布图对话框

图 3-87　分布对话框的设置

(3) 在"分布（D）"中选择 t，"自由度（E）"填入 8，点击"阴影区域"，得到如图 3-88 所示结果。

(4) 选择"右尾"，"概率（R）"填 0.05，点击"确定（O）"，即可得到结果，得到如图 3-89 所示结果。

图 3-88　阴影区域对话框的设置

图 3-89　$df=8$，右尾概率 $P=0.05$ 的 t 临界值

当 $df=8$，$P=0.05$ 时右尾临界值为 1.86。

3.7.4 χ^2 分布

假设总体服从 $N(\mu,\sigma^2)$，每次从中抽取 n 个样本，样本平均数 $\bar{x}$ 构成的新样本也是正态分布，服从 $N\left(\mu,\dfrac{\sigma^2}{n}\right)$，如果 $u=\dfrac{\bar{x}-\mu}{\sigma/\sqrt{n}}$，那么 $u\sim N(0,1)$。如果从标准正态总体中取 k 个样本，那么就可得到 $u_1,u_2,u_3,\cdots,u_k$，将它们的平方的和定义为 χ^2，即：

$$\chi^2 = u_1^2 + u_2^2 + u_3^2 + \cdots + u_k^2 = \sum_{i=1}^{k} u_i^2 = \sum_{i=1}^{k}\left(\dfrac{x-\mu}{\sigma}\right)^2 \tag{3.13}$$

式中，χ^2 的自由度 $df=k-1$。

χ^2 分布是连续型变量的分布，每个自由度都有一个对应的 χ^2 分布曲线。χ^2 分布的特征为：χ^2 分布的区间为 $[0,+\infty)$，随着自由度 df 增大，χ^2 分布曲线渐趋左右对称，当 $df\geqslant 30$ 时，χ^2 分布接近正态分布（图 3-90）。

图 3-90　χ^2 分布曲线随自由度增大逐渐趋于对称的正态分布

1. Excel 的应用

（1）当 P 与 df 已知，Excel 有专门的函数计算 x 值：chiinv（P，df）。例如，已知 $P=0.05$，$df=2$，求 x 值。

① 可以在 Excel 的任意空白单元格中输入"＝chiinv（0.05，2）"。

② 回车就可以得到结果 5.99。

（2）当 x 与 df 已知，在 Excel 中有专门的函数 chidist（x，df）可以计算 P 值。例如，当 $x=15$，$df=8$ 时，求 P 值。

① 可以在 Excel 的任意空白单元格中输入"＝chidist（15，8）"。

② 回车就可以得到结果 0.0591。

2. Minitab 的应用

(1) Minitab 也可以用于以上计算。例如,已知 $P=0.05$,$df=2$,求 x 值。

① 在 Minitab 中,可以点击菜单"图形"→"概率分布图"。

② 在弹出对话框中点击"查看概率",在对话框中的"分布"选择"卡方","自由度(E)"填入 2(图 3-91)。

③ 再点击"阴影区域",在"定义阴影区域按"选择"概率(P)",图形选择"右尾","概率(R)"填入 0.05(图 3-92)。

图 3-91 分布对话框的设置

图 3-92 阴影区域对话框的设置

④ 点击"确定(O)",即可得到结果(图 3-93)。

当 $P=0.05$,$df=2$ 时,$x^2=5.99$。

(2) 如果已知 $x^2 \geqslant 15$,$df=8$,那么如何求 P 值呢?

① 在 Minitab 中,可以点击菜单"图形"→"概率分布图"。

② 在弹出对话框中点击"查看概率",在对话框中的"分布(D)"选择"卡方","自由度(E)"填入 8(图 3-94)。

图 3-93 $df=2$,$P=0.05$ 时的 χ^2 临界值

图 3-94 分布对话框的设置

③ 再点击"阴影区域",在"定义阴影区域按"选择"X 值（X）",图形选择"右尾","X 值（V）"填入 15（图 3-95）。

图 3-95　阴影区域对话框的设置

④ 点击"确定（O）",即可得到结果（图 3-96）。

图 3-96　$df=8$,$x^2 \geqslant 15$ 时概率 P 值

因此,结果为:当 $x^2 \geqslant 15$,$df=8$ 时,$P=0.0591$。

3.7.5　F 分布

假设总体服从 $N(\mu,\sigma^2)$,每次从中抽取 n_1 个与 n_2 个样本,每次的样本方差分别为 s_1^2 与 s_2^2,定义 $F=s_1^2/s_2^2$,则每次抽样就会有一个 F 值,这些 F 值构成一个 F 分布,自由度为 $df_1=n_1-1$,$df_2=n_2-1$。

F 分布具有以下特征:

(1) F 分布的区间为 $[0, +\infty)$。

(2) F 分布的平均数 $\mu_F = 1$，这是因为构成 F 值的 s_1^2 与 s_2^2 都是同一个总体 σ^2 的无偏估计值。

(3) F 分布曲线的形状仅由 $df_1 = n_1 - 1$ 和 $df_2 = n_2 - 1$ 决定。

1. 已知 x 与 df_1、df_2，求 P 值

1) Excel 的应用

在已知 x 与 df_1、df_2 时，在 Excel 中可以用函数 "fdist (x, df_1, df_2)" 计算对应的 P 值。例如，已知 $x=4, df_1=4, df_2=10$，求 P 值。

(1) 可以在任意 Excel 单元格中输入 "=fdist (4, 4, 10)"。

(2) 回车即可得到结果 0.0343。

2) Minitab 的应用

在 Minitab 中，可以调用菜单"图形"→"概率分布图"，得到结果如图 3-97 所示。

图 3-97　$x=4, df_1=4, df_2=10$ 时的概率分布图

2. 已知 P 与 df_1、df_2，求对应的 x 值

1) Excel 的应用

在已知 P 与 df_1、df_2 时，在 Excel 中可以用函数 "finv (P, df_1, df_2)" 计算对应的 x 值。例如，已知 $P=0.05, df_1=4, df_2=10$，求 x 值。

(1) 可以在任意 Excel 单元格中输入 "=finv (0.05, 4, 10)"。

(2) 回车即可得到结果 3.48。

2) Minitab 的应用

在 Minitab 中，可以调用菜单"图形"→"概率分布图"，得到如图 3-98 所示结果。

图 3-98　$df_1=4$, $df_2=10$, $P=0.05$ 时 F 分布的临界值

复习思考题

1. 常见的概率分布有哪几种？
2. 什么是正态分布？什么是标准正态分布？正态分布曲线有什么特点？
3. 在进行方差分析前，首先必须对资料进行正态性检验，如何进行资料的正态性检验？有哪些方法？
4. 已知小麦穗长服从 $N(9.978, 1.4412)$，求下列概率：①穗长<6.536cm；②穗长>12.128cm；③穗长为 8.573~9.978cm。
5. 某种猪病在某地区的死亡率为 40%，即 $P=0.4$。现有 10 头病猪，若不予治疗，计算在 10 头病猪中：①7 头愈好，3 头死去的概率；②8 头愈好，2 头死去的概率；③9 头愈好，1 头死去的概率；④10 头全部愈好的概率。
6. 已知 $u \sim N(0, 1)$，试求下列概率：①$P(u<-1.64)$；②$P(u \geqslant 2.58)$；③$P(|u| \geqslant 2.56)$；④$P(0.34 \leqslant u \leqslant 1.53)$。
7. 设 x 服从 $\mu=30.26$, $\sigma^2=5.102$ 的正态分布，试求 $P(21.64 \leqslant x < 32.98)$。
8. 已知猪血红蛋白含量 x 服从正态分布 $N(12.86, 1.33^2)$，若 $P(x<L_1)=0.03$，$P(x \geqslant L_2)=0.03$，求 L_1、L_2。
9. 某小麦品种在田间出现自然变异植株的概率为 0.0045，那么调查 100 株该品种，获得两株或两株以上变异植株的概率是多少？
10. 为监测饮用水的污染情况，现检验某社区每毫升饮用水中的细菌数，共得到 400 个如下记录：

1mL 水中细菌数	0	1	2	≥3	合计
次数 f	243	120	31	6	400

试分析饮用水中细菌数的分布是否服从泊松分布。若服从，按泊松分布计算每毫升水中细菌数的概率及理论次数，并将频率分布与泊松分布作直观比较。

第4章 统计推断

内容提要

统计推断是从总体中随机抽取部分样本,然后对样本数据进行科学分析,进而在一定概率的基础上对总体特征进行推断,主要包括假设检验与参数估计。假设检验主要是基于小概率原理和总体的理论分布,常见的假设检验方法主要有u检验、t检验、F检验、χ^2检验;其中u检验主要应用于大样本资料或方差已知的资料,t检验主要应用于小样本资料,F检验主要对方差齐性或方差同质性进行检验,χ^2检验则主要应用于适合性检验、独立性检验和方差同质性检验这三个方面;参数估计主要包括区间估计与点估计。

4.1 假设检验的原理与方法

假设检验(hypothesis test),又称显著性检验,是对未知或不完全知道的总体提出两种对立的假设:一种是认为样本与总体(或另一样本)没有显著差异的零假设,另一种是认为样本与总体(或另一样本)有显著差异的备择假设;然后在假设没有显著差异的情况下,计算抽样误差引起的概率P,与小概率(little probability)相比较,确定是接受还是拒绝零假设。一般生物统计学中,将小概率界定为$P\leqslant 0.05$或$P\leqslant 0.01$,如果$P\leqslant 0.05$或$P\leqslant 0.01$,那么就拒绝零假设,认为差异是显著或极显著的;如果$P>0.05$或$P>0.01$,那就接受零假设,认为差异不显著。当$P\leqslant 0.05$时认为差异显著,在资料右上方标注"*";$P\leqslant 0.01$认为差异极显著,在资料右上方标注"**"。

4.1.1 假设检验的基本步骤

假设检验的步骤可以概括为4步。
(1) 对样本所属总体提出零假设H_0和备择假设H_A。
(2) 确定检验的显著水平α。
(3) 在H_0正确的前提下,计算样本的统计数或相应的概率值P。
(4) 如果$P>\alpha$,接受零假设H_0;如果$P<\alpha$,接受备择假设H_A。

4.1.2 双尾检验与单尾检验

如果理论总体服从正态分布$N(\mu_0,\sigma_0^2)$,被检验总体平均值为μ_0。当$\alpha=0.05$时,样本平均值$\bar{x}$的接受区域与否定区域有以下三种情况。

(1) 双尾。图 4-1 中空白的 0.95 的概率区为接受区，而两侧共 0.05 的阴影区为否定区。当 $\mu_0 - 1.96\sigma_{\bar{x}} \leqslant \bar{x} \leqslant \mu_0 + 1.96\sigma_{\bar{x}}$ 时，就可接受 H_0，μ 与 μ_0 无差异；当 $\bar{x} < \mu_0 - 1.96\sigma_{\bar{x}}$ 或 $\bar{x} > \mu_0 + 1.96\sigma_{\bar{x}}$ 时，就认为 μ 与 μ_0 差异显著。

图 4-1　双尾检验

(2) 左尾。图 4-2 中空白的 0.95 的概率区为接受区，而左侧 0.05 的阴影区为否定区。当 $\bar{x} \geqslant \mu_0 - 1.64\sigma_{\bar{x}}$ 时，就可接受 H_0，μ 与 μ_0 无差异；当 $\bar{x} < \mu_0 - 1.64\sigma_{\bar{x}}$ 时，就认为 μ 与 μ_0 差异显著。

图 4-2　左尾检验

(3) 右尾。图 4-3 中空白的 0.95 的概率区为接受区，而右侧 0.05 的阴影区为否定区。当 $\bar{x} \leqslant \mu_0 + 1.64\sigma_{\bar{x}}$ 时，就可接受 H_0，μ 与 μ_0 无差异；当 $\bar{x} > \mu_0 + 1.64\sigma_{\bar{x}}$ 时，就认为 μ 与 μ_0 差异显著。

图 4-3　右尾检验

4.2　单样本平均数的 u 检验

当正态总体方差 σ^2 已知，检验样本平均数 $\bar{x}$ 所属总体平均数 μ 与已知总体平均数

μ_0 是否有显著差异，可以用 u 检验（也称 Z 检验）。

【例 4-1】 某渔场按照常规方法所育鲢鱼苗 1 个月龄的平均体长为 7.25cm，标准差为 1.58cm。为了提高鱼苗质量，现采用一新方法进行育苗，1 个月龄时随机抽取 100 尾进行测量，测得其平均体长为 7.65cm。试问新方法与常规方法有无显著差异？

这里总体 σ 已知，因此采用 u 检验；新的育苗方法下，鱼苗体长可能高于常规方法，也可能低于常规方法，因此要进行双尾检验。可应用 Minitab 解题，具体方法如下。

(1) 选择菜单"统计(S)"→"基本统计量(B)"→"单样本 Z(Z)"（图 4-4）。

图 4-4 分析菜单的选择

(2) 弹出菜单后，选择"汇总数据(Z)"，在"样本数量(A)"中填入 100，"均值(M)"填入 7.65，"标准差(S)"填入 1.58，在"进行假设检验(T)"前面的"□"中选"√"，"假设均值(H)"填入 7.25（图 4-5）。

(3) 点击选项，在弹出窗口中，"置信水平(C)"默认为 95.0，即 $\alpha=0.05$，如果改成 99.0，则 $\alpha=0.01$。"备择"后面选择"不等于"，即是双尾检验（图 4-6）。

(4) 点击确定返回上级对话框，再点击确定，就可以得到结果（图 4-7）。

图 4-5 参数设置

结果表明，Z 值（即 u 值）为 2.53，$P=0.011<0.05$，否定零假设 H_0，接受备择假设 H_A，认为与常规方法相比，新育苗方法下鱼苗体长有显著差异。

图 4-6 选项设定

单样本 Z

mu = 7.25 与 ≠ 7.25 的检验
假定标准差 = 1.58

```
                  平均值
N    平均值      标准误    95% 置信区间      Z      P
100  7.650      0.158    (7.340, 7.960)   2.53   0.011
```

图 4-7 分析结果

【例 4-2】 某罐头厂生产肉类罐头，其自动装罐机在正常工作状态下每罐净重具有

正态分布 $N(500, 8^2)$（单位：g）。某日随机抽查了 10 听罐头，测得结果为 505、512、497、493、508、512、502、495、490、510。问装罐机工作是否正常？

应用 Minitab 解题的具体方法如下。

(1) 在工作表中输入数据（图 4-8）。

(2) 选择菜单"统计(S)"→"基本统计量(B)"→"单样本 Z(Z)"（图 4-9）。

(3) 弹出菜单后，将罐头重(g)选择到"样本所在列(C)"，"标准差(S)"填 8，勾选"进行假设检验(T)"，"假设均值(H)"填入 500（图 4-10）。

(4) 点击选项，在弹出窗口中，"置信水平(C)"默认为 95.0，即 $\alpha=0.05$，如果改成 99.0，则 $\alpha=0.01$。"备择(A)"后面选择"不等于"，即是双尾检验（图 4-11）。

图 4-8 数据输入

图 4-9 分析菜单的选择

图 4-10 参数设置

(5) 点击确定返回上级对话框，再点击"确定（O）"，就可以得到结果（图4-12）。

图 4-11 选项设定

```
单样本 Z：罐头重(g)

mu = 500 与 ≠ 500 的检验
假定标准差 = 8

                          平均值
变量       N   平均值  标准差  标准误    95% 置信区间       Z     P
罐头重(g)  10  502.70  8.64   2.53   (497.74, 507.66)  1.07  0.286
```

图 4-12 分析结果

结果表明，Z 值（即 u 值）为 1.07，$P=0.286>0.05$，接受零假设 H_0，认为样本质量与标准差异不显著，装罐机工作正常。

4.3 单样本平均数的 t 检验

当正态总体方差 σ^2 未知，检验样本平均数 $\bar{x}$ 所属总体平均数 μ 与已知总体平均数 μ_0 是否有显著差异，可以用 t 检验。

【**例 4-3**】 某鱼塘水的含氧量多年平均数为 4.5mg/L，现在该鱼塘设 10 个点采集水样，测定水中含氧量（单位：mg/L）分别为 4.33、4.62、3.89、4.14、4.78、4.64、4.52、4.55、4.48、4.26。问该次抽样的水中含氧量与多年平均数是否有显著差异。

1) Minitab 解题

(1) 在工作表中输入数据（图 4-13）。
(2) 选择菜单"统计（S）"→"基本统计量（B）"→"单样本 t（1）"（图 4-14）。

图 4-13 数据输入　　　　图 4-14 分析菜单的选择

(3) 弹出菜单后，将含氧量（mg/L）选择到"样本所在列（C）"，勾选"进行假设检验（T）"，"假设均值（H）"填入 4.5（图 4-15）。

(4) 点击"选项（P）"，在弹出窗口中，"置信水平（C）"默认为 95.0，即 $\alpha=0.05$，如果改成 99.0，则 $\alpha=0.01$。"备择（A）"后面选择"不等于"，即是双尾检验（图 4-16）。

图 4-15 参数设置

（5）点击"确定（O）"返回上级对话框，再点击"确定（O）"，就可以得到结果（图 4-17）。

图 4-16 选项设定

图 4-17 分析结果

单样本 T：含氧量（mg/L）

mu = 4.5 与 ≠ 4.5 的检验

变量	N	平均值	标准差	平均值标准误	95% 置信区间	T	P
含氧量(mg/L)	10	4.4210	0.2670	0.0844	(4.2300, 4.6120)	-0.94	0.374

结果表明，t 值为 -0.94，$P=0.374>0.05$，接受零假设 H_0，认为所抽样水体的含氧量与多年平均值无显著差异。

2) DPS 解题

（1）在工作表中输入数据，然后选择数据，注意不选择标题行，然后点击菜单"试验统计"→"单样本平均数检验"（图 4-18）。

（2）弹出菜单后，在"输入总体平均数"下面填入 4.5（图 4-19）。

（3）点击"OK"，即可得到结果（图 4-20）。

结果表明，t 值为 0.9357，$P=0.3738>0.05$，接受零假设 H_0，认为所抽样水体的含

图 4-18 分析菜单的选择

氧量与多年平均值无显著差异。

图 4-19　总体均数的输入

图 4-20　分析结果

3) SPSS 解题

（1）输入数据，选择菜单"分析（A）"→"比较均值（M）"→"单样本 T 检验（S）"（图 4-21）：

图 4-21　分析菜单的选择

（2）弹出菜单后，将含氧量选择到"检验变量（T）"中，"检验值（V）"中填入 4.5（图 4-22）：

图 4-22　参数设置

(3) 点击"确定",即可得到结果图 4-23。

T检验

[数据集0]

单个样本统计量

	N	均值	标准差	均值的标准误
含氧量	10	4.4210	.26698	.08443

单个样本检验

	检验值 = 4.5					
	t	df	Sig.(双侧)	均值差值	差分的95%置信区间	
					下限	上限
含氧量	-.936	9	.374	-.07900	-.2700	.1120

图 4-23 分析结果

结果表明,t 值为 -0.936,$P=0.374>0.05$,接受零假设,认为所抽样水体的含氧量与多年平均值无显著差异。

4.4 成组数据平均数比较的 t 检验

从两个独立正态总体中取样,得到两个样本,两个样本的容量 n_1 与 n_2、观测值 x_i 与 x_j 已知,或两个样本的容量 n_1 与 n_2、平均值 $\bar{x}_1$ 与 $\bar{x}_2$、标准差 σ_1 与 σ_2 已知,比较两个样本所属总体的平均数 μ_1 与 μ_2 是否有显著差异。该检验在 SPSS 中也称为独立样本 t 检验。

4.4.1 两个总体方差可假设相等

【例 4-4】 用高蛋白和低蛋白两种饲料饲养 1 月龄的大白鼠,饲养 3 个月后,测定两组大白鼠的增重量(g),两组数据分别如下所示。

高蛋白组:134,146,106,119,124,161,107,83,113,129,97,123
低蛋白组:70,118,101,85,107,132,94
试问两种饲料养殖的大白鼠增重量是否有显著差异?

1) DPS 解题

(1) 在工作表中输入数据,然后选择数据,注意不选择标题行,然后点击菜单"试验统计"→"两样本比较"→"两样本平均数 Student t 检验"(图 4-24)。

(2) 然后立刻得到结果(图 4-25)。

结果表明,t 值为 1.9157,$P=0.0724>0.05$,接受零假设 H_0,表明两种饲料养殖的大白鼠增重量无显著差异。

图 4-24 分析菜单的选择

图 4-25 分析结果

2) SPSS 解题

(1) 输入数据，选择菜单"分析（A）"→"比较均值（M）"→"独立样本T检验（T）"（图 4-26）。

(2) 弹出菜单后，将蛋白选择到"检验变量（T）"中，组选择到"分组变量（G）"中，然后点击"定义组（D）"（图 4-27）。

(3) 弹出对话框，根据"组1（1）"、"组2（2）"定义的数字，分别填入1、2（图 4-28）。

(4) 点击"继续"，返回上级对话框，点击"确定"即可得到结果（图 4-29）。

图 4-26 分析菜单的选择

结果表明，t 值为 1.916，$P=0.072>0.05$，接受零假设，表明两种饲料养殖的大白鼠增重量无显著差异。

图 4-27 参数设置

图 4-28 组的定义

4.4.2 两个总体方差不相等

【例 4-5】 有人测定了甲、乙两地区某种饲料的含铁量（mg/kg），结果如下。

T检验

[数据集0]

组统计量

	组	N	均值	标准差	均值的标准误
蛋白	高蛋白	12	120.1667	21.25958	6.13711
	低蛋白	7	101.0000	20.62361	7.79499

独立样本检验

		方差方程的 Levene 检验		均值方程的 t 检验						
		F	Sig.	t	df	Sig.(双侧)	均值差值	标准误差值	差分的 95% 置信区间	
									下限	上限
蛋白	假设方差相等	.009	.926	1.916	17	.072	19.16667	10.00524	-1.94254	40.27588
	假设方差不相等			1.932	13.016	.075	19.16667	9.92099	-2.26367	40.59700

图 4-29　分析结果

甲地：5.9，3.8，6.5，18.3，18.2，16.1，7.6
乙地：7.5，0.5，1.1，3.2，6.5，4.1，4.7

试问这种饲料的含铁量在两地间是否有显著差异？

本题中两地饲料含铁量总体方差不知是否相等，因此需要对样本进行方差齐性检验，然后进行 t 检验。DPS 与 SPSS 在结果中给出了方差齐性检验，而 Minitab 没有给出，需要另外进行方差齐性检验。本题独立样本 t 检验推荐使用 DPS 与 SPSS 这两种方法进行解题。

1）DPS 解题

（1）在工作表中输入数据，然后选择数据，注意不选择标题行，然后点击菜单"试验统计"→"两样本比较"→"两样本平均数 Student t 检验"（图 4-30）。

图 4-30　分析菜单的选择

（2）然后得到结果（图 4-31）。

方差齐性检验结果结果表明，$F=5.9773$，$P=0.0469<0.05$，方差不等，因此要看方差不等情况下的 t 检验。当两处理方差不等，均值差异检验结果为：t 值为 2.6951，$P=0.0274<0.05$，表明该饲料在两地的含铁量有显著差异。

3	两组均数t检验					
4	处理	样本个数	均值	标准差	标准误	95%置信区间
5	甲地	7	10.9143	6.3344	2.3942	5.0559 16.7726
6	乙地	7	3.9429	2.5909	0.9793	1.5467 6.3391
7	差值		6.9714	4.8393	2.5867	1.3355 12.6074
8						
9	两处理方差齐性,均值差异检验		t=2.6951	df=12	p=0.0195	
10						
11	两处理方差齐性检验		F=5.9773	p=0.0469		
12	两处理方差不等,均值差异检验		t=2.6951	df=7.953	p=0.0274	

图 4-31　分析结果

2）SPSS 解题

（1）输入数据，选择菜单"分析（A）"→"比较均值（M）"→"独立样本T检验（T）"（图 4-32）。

图 4-32　分析菜单的选择

（2）弹出菜单后，将含铁量选择到"检验变量（T）"中，组选择到"分组变量（G）"中，然后点击"定义组（D）"（图 4-33）。

图 4-33　参数设置

（3）弹出对话框，根据"组1（1）"、"组2（2）"定义的数字，分别填入1、2（图4-34）。

（4）点击"继续"，返回上级对话框，点击"确定"，即可得到结果（图4-35）。

方差齐性检验（Levene 检验）结果表明，$F=20.534$，$P=0.001<0.05$，方差不相等，因此要看方差不相等情况下的 t 检验；此时 t 值为 2.695，$P=0.027<0.05$，表明该饲料在两地的含铁量有显著差异。

图 4-34　组的定义

图 4-35　分析结果

4.5　成对数据平均数比较的 t 检验

成对数据是指通过配对试验设计所获得的数据。配对设计是将试验单位两两配对，配对方式有同源配对与自身配对两种。同源配对就是将同品种、同批次、同年龄、同性别等动物配对进行试验。自身配对是自身接受两种不同的处理。

【例 4-6】　某人研究冲水对草鱼亲鱼产卵率的影响，获得冲水前后草鱼产卵率（%）如下。

冲水前：82.5，85.2，87.6，89.9，89.4，90.1，87.8，87.0，88.5，92.4

冲水后：91.7，94.2，93.3，97.0，96.4，91.5，97.2，96.2，98.4，95.8

问：冲水前后草鱼亲鱼产卵率有无差异？

1）Minitab 解题

（1）在工作表中输入数据（图4-36）。

（2）选择菜单"统计（S）"→"基本统计量（B）"→"配对 t（P）"（图4-37）。

（3）弹出菜单后，将冲水前、冲水后两组数据选择到"列中的样本（C）"（图4-38）。

	C1	C2
	冲水前	冲水后
1	82.5	91.7
2	85.2	94.2
3	87.6	93.3
4	89.9	97.0
5	89.4	96.4
6	90.1	91.5
7	87.8	97.2
8	87.0	96.2
9	88.5	98.4
10	92.4	95.8

图 4-36　数据输入

图 4-37　分析菜单的选择

图 4-38　参数设置

(4) 点击"选项（P）"，在弹出窗口中，"置信水平（C）"默认为 95.0，即 $\alpha=0.05$，如果改成 99.0，则 $\alpha=0.01$。"备择（A）"选择"不等于"，即是双尾检验（图 4-39）。

(5) 点击"确定（O）"返回上级对话框，再点击"确定（O）"，就可以得到结果（图 4-40）。

结果表明，t 值为 -7.88，$P=0.000<0.01$，表明冲水前后，草鱼亲鱼的产卵率有非常显著的差异。

2) DPS 解题

(1) 在工作表中输入数据，然后选择数据，注意不选择标题行，然后点击菜单"试验统计"→"两样本比较"→"配对两处理 t 检验"(图 4-41)。

图 4-39 选项设定　　　　　　　　　　图 4-40 分析结果

图 4-41 分析菜单的选择

(2) 然后得到结果(图 4-42)。

图 4-42 分析结果

结果表明,t 值为 7.8791,$P=0.0000<0.01$,拒绝零假设,表明冲水前后,草鱼亲鱼的产卵率有非常显著的差异。

3) SPSS 解题

(1) 输入数据,选择菜单"分析(A)"→"比较均值(M)"→"配对样本 T 检验

(P)"（图 4-43）。

图 4-43　分析菜单的选择

图 4-44　参数设置

（2）弹出菜单后，将冲水前选择到"成对变量（V）"中的"Variable1"，将冲水后选择到"成对变量（V）"中的"Variable2"（图 4-44）。

（3）点击"确定"，即可得到结果（图 4-45）。

结果表明，t 值为 -7.879，$P=0.000<0.01$，拒绝零假设，表明冲水前后草鱼亲鱼的产卵率有非常显著的差异。

T检验

[数据集0]

成对样本统计量

		均值	N	标准差	均值的标准误
对 1	冲水前	88.0400	10	2.76614	.87473
	冲水后	95.1700	10	2.37629	.75145

成对样本相关系数

		N	相关系数	Sig.
对 1	冲水前 & 冲水后	10	.389	.267

成对样本检验

		成对差分					t	df	Sig.(双侧)
					差分的 95% 置信区间				
		均值	标准差	均值的标准误	下限	上限			
对 1	冲水前 - 冲水后	-7.13000	2.86164	.90493	-9.17710	-5.08290	-7.879	9	.000

图 4-45　分析结果

4.6 方差的假设检验

方差的假设检验也称方差齐性检验或方差同质性检验。

4.6.1 单个方差的假设检验

【例 4-7】 一个初步育成的鲫鱼品种，成熟龄的体重变异较大，平均标准差 $\sigma_0 = 80g$；经过再次选育，随机测定 10 尾，测定结果（g）为 480，495，401，495，500，500，501，505，493，497。问再次选育后，该鲫鱼群体的体重是否比原来整齐？

本题可用 Minitab 解题，具体方法如下。

（1）输入数据，调用菜单"统计（S）"→"基本统计量（B）"→"单方差（E）"（图 4-46）。

图 4-46　分析菜单的选择

（2）弹出菜单，选择"输入标准差"，将总重选择到"样本所在列（C）"，勾选"进行假设检验（R）"，"假设标准差（H）"填入 80（图 4-47）。

（3）点击"选项"，弹出菜单后，"置信水平（C）"默认为 95%，即 $\alpha = 0.05$，如果改成 99%，则 $\alpha = 0.01$。在"备择（A）"选择"小于"，因为本题所问为是否比原来整齐，因此备择假设是方差小于原来的（图 4-48）。

图 4-47　参数设置

(4) 点击"确定（O）"返回上级对话框，再点击"确定（O）"，就可以得到结果（图 4-49）。

单标准差检验和置信区间：总重(g)

方法
原假设　西格玛 = 80
备择假设　西格玛 < 80

标准方法只适用于正态分布。
调整后的方法适用于任何连续分布。

统计量
变量　　N　标准差　方差
总重(g)　10　30.9　　952

95% 单侧置信区间
标准差
　　　　　　　　　　标准差
变量　　方法　　　　上限　　方差上限
总重(g)　标准　　　50.8　　2576
　　　　 调整的　　153.1　　23455

检验
变量　　方法　　卡方　自由度　P 值
总重(g)　标准　　1.34　9.00　0.002
　　　　 调整的　0.27　1.83　0.156

图 4-48　选项设定　　　　图 4-49　分析结果

本题中，选育鱼的体重是正态分布的，因此选择标准方法的卡方检验 P 值，$P=0.002<0.01$，表明选育鱼与原来的鱼是有非常显著的差异的，比原来更加整齐。

4.6.2　两个及两个以上方差的假设检验

【**例 4-8**】　比较 4 种鲤鱼的体形指数，每种鲤鱼测量 7 条，结果见表 4-1。试问 4 种鲤鱼体形指数的方差是否相等？

表 4-1　4 种鲤鱼的体形指数

品种	体形指数（体长/体高）						
A_1	1.89	1.86	1.85	1.87	1.98	1.95	1.89
A_2	2.95	2.90	2.95	2.98	2.99	2.77	2.95
A_3	1.97	1.95	1.99	1.91	1.98	1.80	1.96
A_4	2.53	2.58	2.56	2.65	2.63	2.95	2.59

本题可用 Minitab 解题，具体方法如下。

(1) 输入数据，调用菜单"统计（S）"→"基本统计量（B）"→"双方差（A）"（图 4-50）。

(2) 弹出菜单，选择"样本在同一列中（N）"，将体形指数选择到"样本（M）"，将鲤鱼品种选择到"下标（U）"（图 4-51）。

第4章 统计推断 · 111 ·

图 4-50 分析菜单的选择

图 4-51 参数设置

(3) 点击"确定(O)",就可以得到结果(图 4-52)。

图 4-52 分析结果

结果显示了 Bartlett 检验与 Levene 检验的结果，P 值都大于 0.05，说明 4 个品种的鲤鱼体形指数的方差没有显著差异。

4.7 样本频率的假设检验

样本频率的假设检验也称二项百分数的假设检验或二项成数的假设检验。

4.7.1 一个样本频率的假设检验

【例 4-9】 有一批蔬菜种子的平均发芽率为 0.85，现随机抽取 500 粒，用种衣剂进行浸种处理，结果有 445 粒发芽，试问种衣剂对种子发芽是否有显著效果？

本题中 $n=500$，$p=0.85$，$q=0.15$。一个样本频率的假设检验中，当 np 或 nq 均大于 30 时，可以不用校正，用基于正态分布的 u 检验。本题 np 或 nq 均大于 30，因此，可用 u 检验。

本题可用 Minitab 解题，具体方法如下。

(1) 调用菜单"统计（$\underline{S}$）"→"基本统计量（$\underline{B}$）"→"单比率（$\underline{R}$）"（图 4-53）。

图 4-53 分析菜单的选择

图 4-54 参数设置

(2) 弹出菜单，选择"汇总数据（$\underline{Z}$）"，"事件数（$\underline{E}$）"填入 445，"试验数（$\underline{T}$）"填入 500，勾选"进行假设检验（$\underline{R}$）"，"假设比率（$\underline{H}$）"填入 0.85（图 4-54）。

(3) 点击选项，"置信水平（$\underline{C}$）"默认为 95.0，不作修改。"备择（$\underline{A}$）"默认为"不等于"，不作修改。勾选"使用基于正态分布的检验和区间（$\underline{U}$）"（图 4-55）。

(4) 点击"确定（$\underline{O}$）"，返回上级对

话框；再点击"确定（O）"，即可得到结果（图4-56）。

图4-55 选项设定

单比率检验和置信区间

p = 0.85 与 p ≠ 0.85 的检验

样本	X	N	样本 p	95% 置信区间	Z 值	P 值
1	445	500	0.890000	(0.862575, 0.917425)	2.50	0.012

使用正态近似。

图4-56 分析结果

结果显示，$P=0.012<0.05$，表明种衣剂对于种子发芽有显著效果。

【例4-10】 规定某种蛋的孵化率 $p_0>0.80$ 为合格，现对一批种蛋随机抽取100枚进行孵化检验，结果有78枚孵出，问这批种蛋是否合格？

本题中 $n=100$，$p=0.80$，$q=0.20$。一个样本频率的假设检验中，nq 小于30，不能用基于正态分布的 u 检验。

本题可用 Minitab 解题，具体方法如下。

（1）调用菜单"统计（S）"→"基本统计量（B）"→"单比率（R）"（图4-57）。

图4-57 分析菜单的选择

（2）弹出菜单，选择"汇总数据（Z）"，"事件数（E）"填入78，"试验数（T）"填入100，勾选"进行假设检验（R）"，"假设比率（H）"填入0.80（图4-58）。

（3）点击"选项（P）"，"置信水平（C）"默认为95.0，不作修改。本题检验是否合格，要求孵化率大于80%，因此"备择（A）"应选择"大于"。不勾选"使用基于正态分布的检验和区间（U）"（图4-59）。

图4-58 参数设置

(4) 点击"确定（O）"，返回上级对话框；再点击"确定（O）"，即可得到结果（图 4-60）。

图 4-59　选项设定

欢迎使用 Minitab，请按 F1 获得有关帮助。

单比率检验和置信区间

p = 0.8 与 p > 0.8 的检验

样本	X	N	样本 p	95% 下限	精确 P 值
1	78	100	0.780000	0.700988	0.739

图 4-60　分析结果

结果显示，$P=0.739>0.05$，表明孵化率并没有超过 80%，因此不合格。

4.7.2　两个样本频率的假设检验

【例 4-11】 研究地势对小麦锈病发病的影响，调查低洼地麦田 378 株，其中锈病株 342 株；调查高坡地麦田 396 株，其中锈病株 313 株。试比较两块麦田锈病发病率是否有显著差异。

1) Minitab 解题

(1) 调用菜单"统计（S）"→"基本统计量（B）"→"双比率（O）"（图 4-61）。

图 4-61　分析菜单的选择

(2) 弹出菜单，选择"汇总数据（Z）"，在"第一（F）"的"事件"填入 342，在"试验"填入 378；在"第二（S）"的"事件"填入 313，"试验"填入 396（图 4-62）。

(3) 点击"选项（P）"，"置信水平（C）"默认为 95.0，不作修改。"备择（A）"默认为"不等于"，不作修改（图 4-63）。

(4) 点击"确定（O）"，返回上级对话框；再点击"确定（O）"，即可得到结果

图 4-62　参数设置

（图 4-64）。

图 4-63　选项设定　　　　图 4-64　分析结果

结果显示，根据 Fisher 精确检验，$P=0.000<0.01$，表明两块麦田锈病发病率有非常显著的差异。

2) DPS 解题

（1）点击菜单"试验统计"→"两样本比较"→"两样本率比较"（图 4-65）。

（2）弹出对话框，在"处理 1"的"样本数"填入 378，"反应数"填入 342；在"处理 2"的"样本数"填入 396，"反应数"填入 313（图 4-66）。

（2）点击"确定"，再点击"返回"，即可得到结果（图 4-67）。

根据校正计算的 P 值，$P=0.00002<0.01$，表明两块麦田锈病发病率有非常显著的差异。

【例 4-12】 某鱼场发生药物中毒，抽查两个鱼池，甲鱼池 29 尾死亡 20 尾，乙鱼池 28 尾死亡 21 尾。试问两个鱼池的死亡率是否有差异？

图 4-65　分析菜单的选择

图 4-66　参数设置　　　　　　　　　　图 4-67　分析结果

1）Minitab 解题

(1) 调用菜单"统计（S）"→"基本统计量（B）"→"双比率（O）"（图 4-68）。

图 4-68　分析菜单的选择

(2) 弹出的对话框中，选择"汇总数据（Z）"，在"第一（F）"的"事件"填入 20，"试验"填入 29；在"第二（S）"的"事件"填入 21，"试验"填入 28（图 4-69）。

(3) 点击"选项（P）"，"置信水平（C）"默认为 95.0，不作修改。"备择（A）"默认为"不等于"，不作修改（图 4-70）。

第 4 章 统计推断 117

图 4-69 参数设置

(4) 点击"确定(O)",返回上级对话框;再点击"确定(O)",即可得到结果(图 4-71)。

图 4-70 选项设定　　　　　　　　　图 4-71 分析结果

结果显示,根据 Fisher 精确检验,$P=0.770>0.05$,表明两个鱼池的死亡率没有显著差异。

2) DPS 解题

(1) 点击菜单"试验统计"→"两样本比较"→"两样本率比较"(图 4-72)。

图 4-72 分析菜单的选择

（2）弹出对话框，在"处理1"的"样本数"填入29，"反应数"填入20；在"处理2"的"样本数"填入28，"反应数"填入21（图4-73）。

图4-73　参数设置

（3）点击"确定"，再点击"返回"，即可得到结果（图4-74）。

处理1的样本数=29	发生数=20	发生率p1=0.6897	
处理2的样本数=28	发生数=21	发生率p2=0.7500	
加权平均率p=0.71930			
基于正态理论方法			
	z值=0.5069	p值=0.61224	未校正
	z值=0.2121	p值=0.83206	已校正
列联表分析法	卡方值Chi=0.0450	p值=0.83206	
Fisher精确检验			
p1<p2概率 p=0.788215			
两尾(p1≠p2)概率 p=0.769603			

图4-74　分析结果

根据Fisher精确检验的P值，$P=0.769\,603>0.05$，表明两个鱼池的死亡率没有显著差异。

4.8　参数的区间估计与点估计

4.8.1　一个总体平均数μ的区间估计与点估计

当总体标准差σ已知，可以利用样本平均数$\bar{x}$作出置信度为$P=1-\alpha$的总体平均数μ的区间估计为$(\bar{x}-u_\alpha\sigma_{\bar{x}},\bar{x}+u_\alpha\sigma_{\bar{x}})$，点估计为$(\bar{x}\pm u_\alpha\sigma_{\bar{x}})$。

当总体标准差σ未知，可以利用样本平均数$\bar{x}$作出置信度为$P=1-\alpha$的总体平均数μ的区间估计为$(\bar{x}-t_\alpha s_{\bar{x}},\bar{x}+t_\alpha s_{\bar{x}})$，点估计为$(\bar{x}\pm t_\alpha s_{\bar{x}})$。

【例4-13】测得某批25个小麦样本的平均蛋白质含量$\bar{x}=14.5\%$，已知$\sigma=2.50\%$，试进行95%置信度下的蛋白质的区间估计与点估计。

本题中，总体标准差σ已知，因此用单样本u检验（Z检验）。Minitab可以直接进行区间估计。具体方法如下。

（1）点击菜单"统计（S）"→"基本统计量（B）"→"单样本Z（Z）"（图4-75）。

图 4-75　分析菜单的选择

(2) 弹出菜单，选择"汇总数据（Z）"，"样本数量（A）"填入 25，"均值（M）"填入 14.5，"标准差（S）"填入 2.5（图 4-76）。

图 4-76　参数设置

(3) 点击"选项（P）"，"置信水平（C）"默认为 95.0，"备择（A）"默认为"不等于"，不作修改（图 4-77）。

(4) 点击"确定（O）"返回上级对话框，再点击"确定（O）"，即可得到结果（图 4-78）。

图 4-77　选项设定

单样本 Z

假定标准差 = 2.5

```
                平均值
N    平均值   标准误    95% 置信区间
25   14.500   0.500    (13.520, 15.480)
```

图 4-78　分析结果

结果直接给出了 95% 置信度下，该批小麦的蛋白质含量的区间估计：13.52%～15.48%。点估计需要计算 $u_\alpha\sigma_{\bar{x}}$，$u_\alpha\sigma_{\bar{x}} = (15.48-13.52)/2 = 0.98$，因此点估计 $\bar{x}\pm u_\alpha\sigma_{\bar{x}}$ 为 14.5%±0.98%。

【例 4-14】 从某养殖场的一批对虾中随机取 20 尾，测得平均体长 $\bar{x}=120$mm，标准差 $s=15$mm，试估计该批对虾 99% 置信度下的总体平均数。

可用 Minitab 解题，具体方法如下。

（1）点击菜单"统计（S）"→"基本统计量（B）"→"单样本 t（1）"（图 4-79）。

图 4-79　分析菜单的选择

（2）弹出菜单，选择"汇总数据（Z）"，"样本数量（A）"填入 20，"均值（M）"填入 120，"标准差（S）"填入 15（图 4-80）。

图 4-80　参数设置

（3）点击"选项（P）"，"置信水平（C）"修改为 99（图 4-81），"备择（A）"默认为"不等于"。

（4）点击"确定（O）"返回上级对话框，再点击"确定（O）"，即可得到结果（图 4-82）。

图 4-81 选项设定

单样本 T

N	平均值	标准差	平均值标准误	99% 置信区间
20	120.00	15.00	3.35	(110.40, 129.60)

图 4-82 分析结果

结果直接给出了 99% 置信度下，该批对虾体长平均值的区间估计：110.40～129.60。点估计需要计算 $t_\alpha s_{\bar{x}}$，$t_\alpha s_{\bar{x}} = (129.60-110.40)/2 = 9.6$，因此点估计 $\bar{x} \pm t_\alpha s_{\bar{x}}$ 为 120 ± 9.6。

4.8.2　两个总体平均数 $\mu_1-\mu_2$ 的区间估计与点估计

当两个独立总体标准差 σ_1 与 σ_2 已知时，可以利用样本平均数 $\bar{x}_1$ 与 $\bar{x}_2$ 作出置信度为 $P=1-\alpha$ 的总体平均数 $\mu_1-\mu_2$ 的区间估计为 $[(\bar{x}_1-\bar{x}_2)-u_\alpha\sigma_{\bar{x}_1-\bar{x}_2}, (\bar{x}_1-\bar{x}_2)+u_\alpha\sigma_{\bar{x}_1-\bar{x}_2}]$，点估计为 $(\bar{x}_1-\bar{x}_2) \pm u_\alpha\sigma_{\bar{x}_1-\bar{x}_2}$。

当两个独立总体标准差未知时，可以利用样本平均数 $\bar{x}_1$ 与 $\bar{x}_2$ 作出置信度为 $P=1-\alpha$ 的总体平均数 μ 的区间估计为 $[(\bar{x}_1-\bar{x}_2)-t_\alpha s_{\bar{x}_1-\bar{x}_2}, (\bar{x}_1-\bar{x}_2)+t_\alpha s_{\bar{x}_1-\bar{x}_2}]$，点估计为 $(\bar{x}_1-\bar{x}_2) \pm t_\alpha s_{\bar{x}_1-\bar{x}_2}$。

【例 4-15】用例 4-4 的资料，用高蛋白和低蛋白两种饲料饲养 1 个月龄的大白鼠，饲养 3 个月后，测定两组大白鼠的增重量（g），两组数据如下。

高蛋白组：134，146，106，119，124，161，107，83，113，129，97，123

低蛋白组：70，118，101，85，107，132，94

试在 95% 的置信度下对两种蛋白质饲料饲养的大白鼠增重差数进行区间估计与点估计。

可用 Minitab 解题，具体方法如下。

(1) 输入数据后，点击菜单"统计（S）" → "基本统计量（B）" → "双样本 t (2)"（图 4-83）。

图 4-83 分析菜单的选择

(2) 弹出菜单，选择"样本在不同列中（D）"，将高蛋白选择到"第一（F）"，低蛋白选择到"第二（S）"，勾选"假定等方差（E）"（图 4-84）。

图 4-84　参数设置

(3) 点击"选项（P）"，"置信水平（C）"默认为 95.0，"备择（A）"默认为"不等于"，不作修改（图 4-85）。

(4) 点击"确定（O）"返回上级对话框，再点击"确定（O）"，即可得到结果（图 4-86）。

图 4-85　选项设定　　　　图 4-86　分析结果

结果直接给出了 95% 置信度下，两种蛋白质饲料饲养的大白鼠增重差数的区间估计：$-1.9 \sim 40.3$。点估计需要计算 $t_a s_{\bar{x}_1 - \bar{x}_2}$，$t_a s_{\bar{x}_1 - \bar{x}_2} = (40.3 + 1.9)/2 = 21.1$，因此点估计 $(\bar{x}_1 - \bar{x}_2) \pm t_a s_{\bar{x}_1 - \bar{x}_2}$ 为 $(120.2 - 101.0) \pm 21.1$，即 19.2 ± 21.1。

4.8.3　一个总体频率 p 的区间估计

在置信度 $P = 1 - \alpha$ 下，已知样本频率为 $\bar{p}$，对于一个总体频率 p 进行区间估计为 $(\bar{p} - a, \bar{p} + a)$，点估计为 $\bar{p} \pm a$。

【例 4-16】 调查 100 株玉米，有 20 株被玉米螟侵害，试在 95% 置信度下对玉米螟的危害率进行区间估计与点估计。本题可用 Minitab 解题，具体方法如下。

（1）调用菜单"统计（S）"→"基本统计量（B）"→"单比率（R）"（图 4-87）。

图 4-87　分析菜单的选择

（2）弹出菜单，选择"汇总数据（Z）"，"事件数（E）"填入 20，"试验数（T）"填入 100（图 4-88）。

图 4-88　参数设置

（3）点击"选项（P）"，"置信水平（C）"默认为 95.0，"备择（A）"默认为"不等于"，不作修改（图 4-89）。

（4）点击"确定（O）"，返回上级对话框；再点击"确定（O）"，即可得到结果（图 4-90）。

图 4-89　选项设定

单比率检验和置信区间

```
样本    X    N     样本 p      95% 置信区间
1      20   100   0.200000   (0.126656, 0.291843)
```

图 4-90　分析结果

结果显示，在 95% 置信度下，玉米螟的危害率的区间估计为（0.126 656，0.291 843）。点估计为 0.20±(0.291 843－0.126 656)/2，即 0.20±0.082 593 5。

4.8.4　两个总体频率差数的区间估计与点估计

在置信度 $P=1-\alpha$ 下，已知样本 1 的频率为 $\hat{p}_1$，样本 2 的频率为 $\hat{p}_2$，对于两个总体频率 p_1-p_2 进行区间估计为 $[(\hat{p}_1-\hat{p}_2)-a,(\hat{p}_1-\hat{p}_2)+a]$，点估计为 $(\hat{p}_1-\hat{p}_2)\pm a$。

【例 4-17】利用例 4-11 的数据，研究地势对小麦锈病发病的影响，调查低洼地麦田 378 株，其中锈病 342 株，调查高坡地麦田 396 株，其中锈病株 313 株。试在 99% 置信度下对两块麦田锈病发病率差数进行区间估计与点估计。本题可用 Minitab 解题，具体方法如下。

(1) 调用菜单"统计（S）"→"基本统计量（B）"→"双比率（O）"（图 4-91）。

图 4-91　分析菜单的选择

(2) 弹出菜单，选择"汇总数据（Z）"，在"第一（F）"的"事件"填入 342，"试验"填入 378；在"第二（S）"的"事件"填入 313，"试验"填入 396（图 4-92）。

图 4-92　参数设置

(3) 点击"选项（P）"，"置信水平（C）"填入 99。"备择（A）"默认为"不等于"，不作修改（图 4-93）。

(4) 点击"确定（O）",返回上级对话框；再点击"确定（O）",即可得到结果（图 4-94）。

图 4-93　选项设定　　　　　　　　图 4-94　分析结果

结果显示，在 99% 置信度下，两块麦田锈病发病率差数的区间估计为 (0.048 873 8, 0.179 842)。点估计 (0.904 762−0.790 404)±(0.179 842−0.048 873 8)/2，即 0.114±0.065。

复习思考题

1. 已知某物质在某溶剂中的标准含量为 20.7mg/L。现用某方法测定该物质样品 9 次，其测量值（mg/L）如下：20.99，20.41，20.10，20.00，20.91，22.41，20，23，22。问用该方法测定的结果与标准值有无差别？

2. 某次测验，已知全校男生的平均成绩为 72 分，某班男生的平均成绩为 74.2 分，标准差为 6.5 分。能否认为该班男生的平均成绩高于全校男生的平均成绩？

3. 以往通过大规模调查已知某地新生儿出生体重为 3.30kg，从该地难产儿中随机抽取 35 名新生儿作为研究样本，平均出生体重为 3.42kg，标准差为 0.40kg。问该地难产儿出生体重是否与一般新生儿体重不同？

4. 25 例糖尿病患者随机分成两组，甲组单纯用药物治疗，乙组采用药物治疗合并饮食疗法，两个月后测空腹血糖值（mmol/L）如下所示，问两种疗法治疗后患者血糖值是否相同？

编号	甲组血糖值	编号	乙组血糖值
1	8.4	1	5.4
2	10.5	2	6.4
3	12.0	3	6.4
4	12.0	4	7.5
5	13.9	5	7.6
6	15.3	6	8.1
7	16.7	7	11.6
8	18.0	8	12.0
9	18.7	9	13.4
10	20.7	10	13.5
11	21.1	11	14.8
12	15.2	12	15.6
		13	18.7

5. 为考察一种新型透析疗法的效果，随机抽取了10名患者测量透析前后的血中尿素氮含量（mg/100mL）如下，请根据本资料对此疗法进行评价。

患者序号	透析前	透析后
1	31.6	18.2
2	20.7	7.3
3	36.4	26.5
4	33.1	23.7
5	29.5	22.6
6	20.7	10.7
7	50.3	25.1
8	31.2	20.9
9	36.6	23.7
10	28.1	16.5

6. 有12名接种卡介苗的儿童，8周后用两批不同的结核菌素，一批是标准结核菌素，另一批是新制结核菌素，分别注射在儿童的前臂，两种结核菌素的皮肤浸润反应平均直径（mm）如下所示，问两种结核菌素的反应性有无差别。

编号	标准品	新制品
1	12.0	10.0
2	14.5	10.0
3	15.5	12.5
4	12.0	13.0
5	13.0	10.0
6	12.0	5.5
7	10.5	8.5
8	7.5	6.5
9	9.0	5.5
10	15.0	8.0
11	13.0	6.5
12	10.5	9.5

7. 一般情况下5～13岁儿童氟斑牙的患病率为7%。现随机抽取了有氟污染地区的5～13岁儿童251名，经检查有146人患有氟斑牙，患病率达58.2%。问该地的污染是否导致了氟斑牙患病率的增加？

8. 调查春大豆品种A的120个豆荚（$n_1=120$），其中有瘪荚38荚（$f_1=38$），瘪荚率31.7%（$\hat{p}_1$）；调查春大豆品种B的135个豆荚（$n_2=135$），其中有瘪荚52荚（$f_2=52$），瘪荚率38.5%（$\hat{p}_2$）。试检验这两个品种的瘪荚率差异是否显著？

9. 设某工件的长度 X 服从正态分布 $N(\mu, 16)$，今抽 9 件测量其长度，得数据如下（mm）：142，138，150，165，156，148，132，135，160，试在 95% 置信度下求参数 μ 的区间估计。

10. 从某年某市 12 岁男孩中抽得 120 名样本，求得身高的均数为 143.05cm，标准差为 1.91cm。试估计该市 12 岁男孩身高均数的 95% 置信区间。

11. 设从一批灯泡中，随机地取 5 只做寿命试验，测得寿命（h）为 1050，1100，1120，1250，1280，假设灯泡寿命服从正态分布。求灯泡寿命平均值的置信水平为 0.95 的单侧置信下限。

12. 用盖氏计数器测定某样品的放射性，每次计数时间为 1min，共计 6 次，各次脉冲计数结果为：297，269，279，277，300，263。试检验该结果与理论计数 280 脉冲计数是否有显著差异？

13. 为了比较两种药物的疗效，各进行 10 组试验，其治愈率分别是：
甲药剂：94，88，83，92，87，95，90，90，86，84
乙药剂：86，84，85，78，76，82，83，84，82，83
试比较两种药剂的疗效有无显著差异。

14. 小麦两种肥料处理试验中，各处理 5 个小区，由 A 处理各小区产量算得方差为 1.34，由 B 处理算得方差为 0.73，试检验两方差是否同质。

15. 测定东方红 3 号小麦的蛋白质含量 10 次，得到方差为 1.621；测定农大 139 号小麦的蛋白质含量 5 次，得到方差为 0.135。试检验东方红 3 号小麦蛋白质含量的变异是否比农大 139 大？

16. 对正常组和白血病组鼠脾脏中 DNA 含量进行测定，结果如下（mg/g）：
白血病组：12.3 13.2 13.7 15.2 15.4 15.8 16.9
正常组：10.8 11.6 12.3 12.7 13.5 13.5 14.8
试分析正常鼠和白血病鼠脾脏中 DNA 平均含量是否不同？

第5章 χ^2 检验

内容提要

卡方检验通常用于次数资料的分析,主要有三个方面的应用:一是检验样本方差的齐性(见第4章方差的假设检验一节);二是适合性检验,比较观测值与理论值是否符合;三是独立性检验,比较两个或两个以上的因子相互之间是独立的还是相互影响的。在具体进行卡方检验时需要注意:①每组的理论次数都要大于5;②应用卡方测验的次数资料不应是测量的观察值或以百分数表示的相对数;③适合性测验与独立性测验,在自由度等于1时,一般要进行连续性矫正。

5.1 适合性检验

【例 5-1】 有一鲤鱼遗传试验,以红色和青灰色杂交,其 F_2 代获得不同分离尾数,其中青灰色 1503 尾,红色 99 尾,问观测值是否符合孟德尔 3:1 遗传定律?

可用 DPS 解题,具体方法如下。

(1) 输入数据并选择数据,点击菜单"分类数据统计"→"模型拟合优度检验"(图 5-1)。

图 5-1 分析菜单的选择

(2) 立刻得到结果(图 5-2)。

图 5-2 分析结果

根据理论比 3:1,结果给出了理论值为 1201.5 与 400.5。结果中卡方值(即 Pearson 卡方值)为 301.6263,对应的 P 值为 0.0000,小于 0.01,说明实际观测值与孟德尔理论分离比 3:1 是有非常显著差异的。

【例 5-2】 孟德尔用豌豆的两对性状进行杂交试验,黄色圆滑种子与绿色皱缩种子的豌豆杂交后,F_2 代分离情况为:黄圆 315 粒,黄皱 101 粒，绿圆 108 粒，绿皱 32 粒，共 556 粒。问结果是否符合理论比 9∶3∶3∶1？可用 DPS 解题，具体方法如下。

（1）输入数据并选择数据，点击菜单"分类数据统计"→"模型拟合优度检验"（图 5-3）。

图 5-3　分析菜单的选择

（2）立刻得到结果（图 5-4）。

图 5-4　分析结果

结果中卡方值（即 Pearson 卡方值）为 0.4700，对应的 P 值为 0.9254，大于 0.05，说明实际观测值与孟德尔理论分离比 9∶3∶3∶1 无显著差异。

5.2　独立性检验

独立性检验又称为列联表（contigency table）χ^2 检验，它是研究两个或两个以上因子彼此之间是独立还是相互影响的一类统计方法。

5.2.1　2×2 列联表（四格表资料）的独立性检验

1. 需要校正的四格表资料的 χ^2 检验

【例 5-3】　现随机抽取吸烟人群与不吸烟人群，检查是否患有气管炎，结果如表 5-1 所示。

表 5-1　不同人群患气管炎病调查

人群	患病	不患病	总数
吸烟	50	250	300
不吸烟	5	195	200

试检验两种人群患病比例有无显著差异？

本例资料经整理成四格表形式，即有两个处理组，每个处理组的例数由发生数和未发生数两部分组成。表内有 | 50 | 250 | / | 5 | 195 | 4 个基本数据，故称四格表资料。

可用 DPS 解此题，具体方法如下。

（1）输入数据与选择数据，点击菜单"分类数据统计"→"四格表"→"四格表（2×2 表）分析"（图 5-5）。

图 5-5　分析菜单的选择

（2）立刻得到结果（图 5-6）。

图 5-6　分析结果

结果中给出了理论值，以及一般卡方值、校正卡方值、似然比卡方值与 Williams 校正 G 值。关于列联表 χ^2 检验时，何种情况下需要校正要参考理论值（T）、自由度（df）和四格表的总例数（n），可参考以下原则：①当 $n \geqslant 40$ 且所有 $T \geqslant 5$ 时，用一般卡方检验。若所得 $P \approx \alpha$，改用确切概率法（Fisher's exact test）；② $df=1$ 或当 $n \geqslant 40$ 但有 $1 \leqslant T < 5$ 时，用校正卡方；③当 $n < 40$ 或

有 $T<1$ 时,改用确切概率法(Fisher's exact test)。

本题中,$df=1$ 时,需要看校正的卡方值,此时结果中校正卡方为 23.1742,对应的 P 值为 0.000,小于 0.01,表明两种人群的气管炎患病率有非常显著的差异。

【例 5-4】 某医生欲比较胞磷胆碱与神经节苷脂治疗脑血管疾病的疗效,将 78 例脑血管疾病患者随机分为两组,结果如表 5-2 所示。问两种药物治疗脑血管疾病的有效率是否相等?

表 5-2　两种药物治疗脑血管病有效率的比较

组别	有效	无效
胞磷胆碱组	46	6
神经节苷脂组	18	8

可用 DPS 解此题,具体方法如下。

(1) 在 DPS 中输入数据,选择数据,点击菜单"分类数据统计"→"四格表"→"四格表(2×2 表)分析"(图 5-7)。

图 5-7　分析菜单的选择

(2) 立刻得到结果(图 5-8)。

由于理论值小于 5,因此要看校正的卡方值 3.1448,对应的 P 为 0.076 17>0.05,尚不能认为两种药物治疗脑血管疾病的有效率不等。

2. 配对四格表资料的 χ^2 检验

【例 5-5】 某实验室分别用 A(乳胶凝集法)和 B(免疫荧光法)两种方法对 58 名可疑系统红斑狼疮患者血清中抗核抗体进行测定,两种方法检测都是阳性的有 11 例,A 方法阳性 B 方法阴性的有 12 例,A 方法阴性 B 方法阳性的有 2 例,两种方法检测都是阴性的有 33 例,结果见表 5-3。问两种方法的检测结果有无差别?

图 5-8　分析结果

可用 DPS 解此题,具体方法如下。

(1) 在 DPS 中输入数据,选择数据,点击菜单"分类数据统计"→"四格表"→"四格表(2×2 表)分析"(图 5-9)。

表 5-3　两种方法的检测结果

A（免疫荧光法）	B（乳胶凝集法）	
	＋	－
＋	11	12
－	2	33

图 5-9　分析菜单的选择

图 5-10　分析结果

(2) 立刻得到结果（图 5-10）。

根据结果，配对设计卡方＝5.7857，$P=0.0162<0.05$，可以认为两种方法的检测结果是有显著差异的，免疫荧光法的阳性检测率高。

3. 四格表资料的 Fisher 确切概率法

适用条件为 $n<40$ 或 $T<1$ 或 $P≈α$。

【例 5-6】　某医师为研究乙肝免疫球蛋白预防胎儿宫内感染 HBV 的效果，将 33 例 HBsAg 阳性孕妇随机分为预防注射组和非预防组，结果如表 5-4 所示。问两组新生儿的 HBV 总体感染率有无差别？

表 5-4　两组新生儿 HBV 感染率的比较

组别	阳性	阴性
预防注射组	4	18
非预防组	5	6

可用 DPS 解此题，具体方法如下。

(1) 在 DPS 中输入数据，选择数据，点击菜单"分类数据统计"→"四格表"→"四格表（2×2 表）分析"（图 5-11）。

(2) 立刻得到结果（图 5-12）。

$n=33<40$，需要看 Fisher 精确检验的结果。$P=0.121\,045>0.05$，认为两组新生

第 5 章 χ² 检 验

图 5-11 分析菜单的选择

图 5-12 分析结果

儿 HBV 感染率无显著差异。

【例 5-7】 某单位研究胆囊腺癌、腺瘤的 $P53$ 基因表达，对同期手术切除的胆囊腺癌、腺瘤标本各 10 份，用免疫组化法检测 $P53$ 基因，资料见表 5-5。问胆囊腺癌和胆囊腺瘤的 $P53$ 基因表达阳性率有无差别？

表 5-5 胆囊腺癌与胆囊腺瘤 $P53$ 基因表达阳性率的比较

病种	阳性	阴性
胆囊腺癌	6	4
胆囊腺瘤	1	9

可用 DPS 解此题，具体方法如下。

（1）在 DPS 中输入数据，选择数据，点击菜单"分类数据统计"→"四格表"→"四格表（2×2 表）分析"（图 5-13）。

图 5-13 分析菜单的选择

（2）立刻得到结果（图 5-14）。

图 5-14 分析结果

$n=20<40$，需要看 Fisher 精确检验的结果。双尾概率 $P=0.057\,276>0.05$，尚不能认为胆囊腺癌与胆囊腺瘤的 P53 基因表达阳性率有显著差异。

5.2.2　2×C 列联表的独立性检验

【例 5-8】　检验甲、乙、丙三种农药对蚜虫的毒杀效果，结果如表 5-6 所示，试分析三种农药对蚜虫毒杀效果是否一致？

表 5-6　三种农药杀蚜虫的效果

效果	甲	乙	丙
死亡数	37	49	23
未死亡数	150	100	57

可用 DPS 解此题，具体方法如下。

(1) 输入数据与选择数据，点击菜单"分类数据统计"→"R×C 列联表卡方检验"（图 5-15）。

图 5-15　分析菜单的选择

(2) 立刻得到结果（图 5-16）。

图 5-16　分析结果

结果中看卡方值 Chi=7.691 94，对应的 P 值为 0.021 37＜0.05，表明三种农药对蚜虫的毒杀效果有显著的差异。

5.2.3　R×C 列联表的独立性检验

1. 多个样本率的比较

【例 5-9】　某医院用碘剂治疗地方性甲状腺肿，不同年龄的治疗效果列于表 5-7，试检验不同年龄的治疗效果是否有差异？

表 5-7　碘剂治疗不同年龄段甲状腺肿的效果

年龄（岁）	治愈	显效	好转	无效	总和
11～30	67	9	10	5	91
31～50	32	23	20	4	79
50岁以上	10	11	23	5	49

可用 DPS 解此题，具体方法如下。

（1）输入数据与选择数据，点击菜单"分类数据统计"→"R×C 列联表卡方检验"（图 5-17）。

图 5-17　分析菜单的选择

（2）立刻得到结果（图 5-18）。

图 5-18　分析结果

结果中看卡方值 Chi=46.988 05，对应的 P 值为 0.000 00<0.01，表明不同年龄治疗效果有非常显著的差异。

2. 样本构成比的比较

【例 5-10】 某医师在研究血管紧张素I转化酶（ACE）基因I/D多态（分3型）与2型糖尿病肾病（DN）的关系时，将249例2型糖尿病患者按有无糖尿病肾病分为两组，资料见表5-8。问两组2型糖尿病患者的ACE基因型总体分布有无差别？

表 5-8　DN 组与无 DN 组 2 型糖尿病患者 ACE 基因型分布的比较

组别	DD	ID	II
DN 组	42	48	21
无 DN 组	30	72	36

可用 DPS 解此题，具体方法如下。

(1) 在 DPS 中输入数据与选择数据，点击菜单"分类数据统计"→"R×C 列联表卡方检验"（图 5-19）。

图 5-19　分析菜单的选择

(2) 即可得到结果（图 5-20）。

结果中，卡方值 Chi=7.912 69，对应的 $P=0.019\ 13<0.05$，可认为 DN 与无 DN 的 2 型糖尿病患者的 ACE 基因型分布有显著差异。

图 5-20　分析结果

3. 双向无序分类资料的关联性检验

【例 5-11】 测得某地 5801 人的 ABO 血型和 MN 血型结果如表 5-9 所示，问两种血型系统之间是否有关联？

表 5-9 某地 5801 人的血型

ABO 血型	MN 血型		
	M	N	MN
O	431	490	902
A	388	410	800
B	495	587	950
AB	137	179	32

可用 DPS 解此题，具体方法如下。

(1) 在 DPS 中输入数据与选择数据，点击菜单"分类数据统计"→"R×C 列联表卡方检验"（图 5-21）。

图 5-21 分析菜单的选择

(2) 即可得到结果（图 5-22）。

图 5-22 分析结果

结果中，卡方值 Chi=213.161 59，对应的 $P=0.000\ 00 < 0.01$，可认为两种血型之间的关联非常显著。根据 Pearson 列联系数=0.1883，数值较小，故认为两种血型系统

间虽然有关联性，但关系不太密切。列联系数为 0 表示完全独立；为 1 表示完全相关；列联系数越接近 0，关系越不密切；列联系数越接近 1，关系越密切。

复习思考题

1. 什么是适合性检验？什么是独立性检验？说明两者的主要适用范围。

2. 紫花大豆与白花大豆杂交 F_1 代全为紫花，F_2 代出现分离，在 F_2 代总共观察的 1650 株中，紫花 1260 株，白花 390 株。问这一结果是否符合孟德尔遗传分离定律的 3∶1 比例？

3. 有一批棉花种子，规定发芽率达 80% 为合格，现随机抽取 200 粒做发芽试验，得发芽种子为 150 粒，问是否合格？

4. 正常情况下，中国婴儿的性别比为男婴∶女婴=51∶49，即每出生 100 个女婴，就有 103~105 个男婴。现统计某地区连续 3 年的婴儿性别比：男婴 4691 人，女婴 4159 人，试问该地区的新生儿性别比正常吗？

5. 长翅灰身（$LLGG$）的果蝇与残翅黑檀体（$llgg$）果蝇交配，其后代 F_1 代全为长翅灰身，F_1 代自群繁育，结果出现了 4 种表现型：长灰（1477）、长黑（493）、残灰（446）、残黑（143），现假定控制翅膀长度和身体颜色的两对基因是相互独立的，且都是显隐性关系，则 4 种类型的果蝇其比例应当是 9∶3∶3∶1。请验证这次试验的结果是否符合这一分离比例。

6. 调查经过种子灭菌处理与未经种子灭菌处理的小麦发生散黑穗病的穗数，结果如下，试分析种子灭菌与否和散黑穗病穗多少是否有关？

处理项目	发病穗数	未发病穗数	总数
种子灭菌	26	50	76
种子未灭菌	184	200	384
总数	210	250	460

7. 某水产所用土法疫苗免疫草鱼烂鳃病，注射了 400 尾，其中免疫了 325 尾，死亡了 75 尾，对照 400 尾（未作注射）中免疫了 278 尾，死亡了 122 尾。试问这种土法疫苗具有免疫力吗？

8. 将鱼苗放进鱼池前先将鱼池消毒，在此之前先做一试验，数据（尾）如下。试问鱼池消毒能否减轻鱼苗的发病？

处理项目	发病	不发病	合计
消毒	300	920	1220
不消毒	580	630	1210
合计	880	1550	2430

9. 研究小麦不同品种感染赤霉病的情况，调查 5 个品种的健株和病株，结果如下，

试分析不同品种是否与赤霉病发生有关？

品种	A	B	C	D	E	总计
健株数	442	460	478	376	494	2250
病株数	78	39	35	298	50	500
总计	520	499	513	674	544	2750

10. 用某药物的三种浓度甲、乙、丙治疗219尾病鱼，治疗结果如下，试分析哪种浓度效果最佳？

药物浓度	治愈	显效	好转	无效
甲	67	9	10	5
乙	32	23	20	4
丙	10	11	23	5

11. 为了检查鱼的饲养方式与鱼的等级是否有关，设计了如下试验：按不同方式分A、B、C三种网箱饲养，统计不同饲养方式下鱼的等级（结果如下），试分析饲养方式与鱼的等级之间的关系。

等级	饲养方式			总和
	A	B	C	
甲	22	18	16	56
乙	18	16	14	48
丙	11	13	14	38
丁	8	11	10	29
总和	59	58	54	171

12. 某一杂交组合的F_3代共有810系，在温室内鉴别各系幼苗对某种病害的反应，并在田间鉴别植株对此病害的反应，所得结果如下。试测验两种反应间是否相关？

田间反应	温室幼苗反应			总和
	抗病	分离	感染	
抗病	142	51	3	196
分离	13	404	2	419
感染	2	17	176	195
总和	157	472	181	810

第6章 方差分析

内容提要

方差分析（analysis of variance，ANOVA），又称"变异数分析"，是 R. A. Fisher 发明的，主要用于两个或两个以上样本均数差异的显著性检验。方差分析时，所分析的资料必须满足 3 个基本假定：①处理效应与误差效应的可加性；②被检验的总体服从正态分布；③各处理的误差方差具有齐性。否则，必须对资料进行转换，常见的转换方法有平方根转换、对数转换、反正弦转换、倒数转换。此外，如果资料存在缺失，可采用误差平方和最小的原则对观测资料进行弥补。

方差分析的基本思路是将观测数据的总变异剖分为处理效应和误差效应，其基本步骤包括分析题意，选择合适的数学模型，平方和与自由度的分解，F 检验，结果解释。若 F 检验显著，还必须进行多重比较，常见的多重比较方法有最小显著差数法（LSD 法）、新复极差法（SSR 法）、SNK 法，三者的检验尺度从大到小依次为 SNK 法 $\geqslant$ SSR 法 $\geqslant$ LSD 法。

按因素分，方差分析可分为单因素方差分析、二因素方差分析和多因素方差分析。单因素方差分析主要对因素的主效应进行分析，而二因素及多因素方差分析除了多主效应分析外，还可对因素间的交互作用进行分析。需要注意的是分析交互作用时，观测值必须有重复。

对于样本平均数的假设检验，u 检验或 t 检验可以对样本平均数与总体平均数的差异及两个样本平均数间的差异进行检验。在实际研究中，常常需要对三个及三个以上的样本平均数进行比较，此时如果仍用 u 检验或 t 检验进行两两比较，就会出现检验繁琐、误差估计的精确性与检验的灵敏性降低等问题，采用方差分析就可以避免这些问题。

方差分析是用于两个及两个以上样本均数差别的显著性检验。由于各种因素的影响，研究所得的数据呈现波动状，造成波动的原因可分成两类，一类是不可控的随机因素，另一类是研究中施加的对结果形成影响的可控因素。方差分析的基本思想是：通过分析研究不同来源的变异对总变异的贡献大小，从而确定可控因素对研究结果影响力的大小。方差分析主要用途：①均数差别的显著性检验；②分离各有关因素并估计其对总变异的作用；③分析因素间的交互作用；④方差齐性检验。在科学实验中常常要探讨不同实验条件或处理方法对实验结果的影响。

方差分析通常是比较不同实验条件下样本均值间的差异。例如，医学界研究几种药物对某种疾病的疗效；农业上研究土壤、肥料、日照时间等因素对某种农作物产量的影响，研究不同化学药剂对作物害虫的杀虫效果等。这些研究中都可以使用方差分析解决问题。

6.1 方差分析的相关术语

研究马氏珠母贝三亚、印度品系在不同地区的生长差异，选择同一批繁殖的两种马氏珠母贝稚贝，分别在海南黎安港、广东流沙港、广西防城港三个海区进行养殖，每个地区每个品系养殖1000个，1年后测定马氏珠母贝壳高与总重，比较生长差异。

这里壳高与总重称为"试验指标"，在试验中常会测定日增重、产仔数、产奶量、产蛋率、瘦肉率、某些生理生化和体型指标（如血糖含量、体高、体重）等，这些都是试验指标，就是我们需要测量的数据。

这里品系与地区称为"试验因素"（experimental factor），是影响试验指标的原因，也称处理因素、因子。试验因素一般用 A、B、C 等大写字母表示，一个因素的水平用代表该因素的字母添加下标1、2、3等表示，如 A_1、A_2、A_3 等表示。影响马氏珠母贝生长指标的因素有品系（A）与地区（B）。因素 A 有 2 个"水平"，即三亚种与印度品系，分别表示为 A_1 与 A_2；因素 B 有 3 个水平，即海南黎安港、广东流沙港、广西防城港，分别表示为 B_1、B_2 与 B_3。

本例的试验涉及两个因素，称为二因素试验，试验共有 2×3＝6 个水平组合，即 6 个"处理"。每个马氏珠母贝就是一个"试验单位"，每个地区每个品种养殖 1000 个，1000 称为"重复"。

这里因素 A 的 2 个水平三亚品系与印度品系是固定的，特意选择的，因素 B 的 3 个养殖海区也是特意选择的，我们在处理时要用"固定模型"来处理，得到的结论仅仅适用试验所涉及的 2 个品系与 3 个海区。例如，马氏珠母贝在流沙港、徐闻、大亚湾都有养殖，但我们不能拿流沙港的养殖结果说明徐闻与大亚湾的养殖情况。

有时候，因素的水平不是常量，而是由随机因素引起。例如，将引进的美国黑核桃在不同纬度种植，观察其在不同地理条件下的适应情况，由于各地气候、土壤肥度等都是无法人为控制的，属于随机因素，就需要用"随机模型"来处理，试验结论可以推广到随机因素的所有水平。

如果试验中的因素既包括固定效应，又包括随机效应，则试验需要用"混合模型"来处理。例如，为了推断全国6~7岁男孩的身高发育是否平衡，从所有省（自治区、直辖市）中随机选取 3 个省，每个省又分为城市与农村两类，各抽取 30 例数据进行分析；其中城市与农村 2 个水平组成的地区因素是固定因素，而省份的 3 个水平是通过抽样确定的，是随机因素。该实验资料就要用混合模型来处理。

6.2 方差分析的原理

方差分析是建立在一定的线性可加模型的基础上。所谓线性可加模型是指总体每一个变量可按其变异的原因分解成若干个线性组成部分，每一次观察值都包含了总体平均数、因素主效应、随机误差三部分，这些组成部分必须以叠加的方式综合起来，即每一个观察值都可视为这些组成部分的累加之和，即 $x_{ij} = \mu + \alpha_i + \varepsilon_{ij}$，这是方差分析的基础。

方差分析的基本原理是认为不同处理组的均数间的差异主要有两个来源。

(1) 随机误差。测量误差造成的差异或个体间的差异,称为"组内差异",用变量在各组的均值与该组内变量值之偏差平方和的总和表示,记作 SS_e,组内自由度 df_e。

(2) 实验条件。不同的处理造成的差异,称为"组间差异"。用变量在各组的均值与总均值之偏差平方和表示,记作 SS_t,组间自由度 df_t。

总偏差平方和 $SS_T = SS_t - SS_e$。

组内 SS_t、组间 SS_e 除以各自的自由度(组内 $df_e = n - m$,组间 $df_t = m - 1$,其中 n 为样本总数,m 为组数),得到其均方 MS_t 和 MS_e。一种情况是处理没有作用,即各组样本均来自同一总体,$MS_t/MS_e \approx 1$;另一种情况是处理确实有作用,组间均方是由于误差与不同处理共同导致的结果,即各样本来自不同总体。那么,$MS_t \gg MS_e$。

MS_t/MS_e 值构成 F 分布。用 F 值与其临界值比较,推断各样本是否来自相同的总体。

假设有 n 个样本,分成 m 组,如果原假设 H_0:样本均数都相同,即 $\mu_1 = \mu_2 = \mu_3 = \cdots = \mu_m = \mu$,$m$ 组样本有共同的方差 σ^2。则 n 个样本来自具有共同的方差 σ^2 和相同的均数 μ 的总体。

零假设 H_0:m 组样本均值都相同,即 $\mu_1 = \mu_2 = \cdots = \mu_m$。

如果计算结果的组间均方远远大于组内均方 ($MS_t \gg MS_e$),$F > F_{0.05}(df_t, df_e)$,$P < 0.05$,拒绝零假设,说明样本来自不同的正态总体,说明处理造成均值的差异有统计意义;否则,$F < F_{0.05}(df_t, df_e)$,$P > 0.05$,接受零假设,说明样本来自相同的正态总体,处理间无差异。

6.3 均值间的两两比较

对完全随机设计多组平均水平进行比较时,当资料满足正态性和方差齐性时,就可以尝试方差分析。根据方差分析结果,若得到 $P > \alpha$ 的结果,不拒绝零假设,认为各组样本来自均数相等的总体,即不同的处理产生的效应居于同一水平,分析到此结束;若方差分析结果 $P \leq \alpha$,则拒绝零假设,接受备择假设,认为各处理组的总体均数不等或不全相等,即各个处理组中至少有两组的总体均数居于不同水平。这是一个概括性的结论,研究者往往希望进一步了解具体是哪两组的总体均数居于不同水平,哪两组的总体均数相等,这就需要进一步作两两比较来考察各个组别之间的差别。

均数间的两两比较也称为多重比较,根据研究设计的不同分为两种类型:一种常见于探索性研究,在研究设计阶段并不明确哪些组别之间的对比是更为关注的,也不明确哪些组别间的关系已有定论、无需再探究,经方差分析结果提示"概括而言各组均数不相同"后,对每一对样本均数都进行比较,从中寻找有统计学意义的差异;另一种是在设计阶段根据研究目的或专业知识所决定的某些均数间的比较,常见于证实性研究中多个处理组与对照组、施加处理后的不同时间点与处理前比较。最初的设计方案不同,对应选择的检验方法也不同,下面分述两种不同设计均数两两比较的方法选择。

6.3.1 事先计划好的某对或某几对均数间的比较

适用于证实性研究。在设计时就设定了要比较的组别,其他组别间不必作比较。常用的方法有 Dunnett 检验、LSD 检验。这两种方法不管方差分析的结果如何——即便对于 P 稍大于检验水准,也可进行所关心组别间的比较。

1. LSD 法

该法是最小显著差数 (least significant difference) 法的简称,是 Fisher 于 1935 年提出的,多用于检验某一对或某几对在专业上有特殊探索价值的均数间的两两比较,并且在多组均数的方差分析没有推翻无效假设 H_0 时也可以应用。该方法实质上就是 t 检验,检验水准无需作任何修正,只是在标准误的计算上充分利用了样本信息,为所有的均数统一估计出一个更为稳健的标准误,因此它一般用于事先就已经明确所要实施对比的具体组别的多重比较。例如,在一个单因素 4 水平试验中,共有 A_1、A_2、A_3、A_4 这 4 个处理,设计时已确定只是 A_1 与 A_2、A_3 与 A_4 (或 1 与 3、2 与 4;或 1 与 4、2 与 3) 比较,而其他的处理间不进行比较。由于该方法本质思想与 t 检验相同,所以只适用于两个相互独立的样本均数的比较。LSD 法单次比较的检验水准仍为 α,因此可以认为该方法是最为灵敏的两两比较方法。

2. Dunnett 法

该法适用于 k 个处理组与一个对照组的均数差异比较。默认的对照组是最后一组。适用于 $n-1$ 个试验组与一个对照组均数差别的多重比较,多用于证实性研究。

检验时可以选择双侧或单侧检验。要检验实验组的均值是否不等于控制组的均值,就使用双侧检验。要检验实验组的均值是否小于控制组的均值,就选择"<控制"。类似地,要检验实验组的均值是否大于控制组的均值,则选择">控制"。

6.3.2 多个均数的两两事后比较

适用于探索性研究,即各处理组两两间的对比关系都要回答,一般要将各组均数进行两两组合,分别进行检验。常用的方法有 SNK 法、Duncan 法、Tukey 法和 Scheffé 法。值得注意的是,这几种方法对数据有具体的要求和限制。

1. SNK 检验

SNK 检验也称为 q 检验法。

2. Tukey 法

原理与 SNK 检验基本相同，该方法要求各比较组样本含量相同。这种方法比 LSD 法有更高的检验效能，具有很好的稳定性，适用于大多数场合下的两两比较，计算简便；但是，Tukey 法是基于比较组全部参与比较这一假设下进行的，因此在只比较指定的某几组总体均数时并不适用，建议选择 Dunnett 法或者是 Bonferroni 方法，因为这两种方法会给出较高效能的检验结果。如果各组样本含量不等，需要用修正的 Tukey 法（Tukey-Kramer 法），效果优于 Bonferroni 法、Sidak 法或 Scheffé 法。

3. Scheffé 法

与一般的多重比较不同，Scheffé 法的实质是对多组均数间的线性组合是否为 0 进行假设检验，多用于对比组样本含量不等的资料。如果用 Scheffé 法进行组平均数的两两比较检定，与 Tukey 法和 Bonferroni 法相比，Scheffé 法最不容易达到显著水平。

4. Duncan 法

Duncan 是 1955 年在 Newman 及 Keuls 的复极差法（multiple range method）基础上提出的，因此也称新复极差法。该法又称为 SSR 法（shortest significant range），与 Tukey 法相类似。

对于 LSD 法、Duncan 法、SNK 法，其检验尺度有如下关系：

$$\text{LSD 法} \leqslant \text{Duncan 法} \leqslant \text{SNK 法}$$

当样本的处理数 $k=2$ 时，取等号；$k \geqslant 3$ 时，取小于号。在多重比较中，LSD 法的尺度最小，SNK 法尺度最大，Duncan 法尺度居中。用上述排列顺序前面方法检验显著的差数，用后面方法检验未必显著；用后面方法检验显著的差数，用前面方法检验必然显著。一般一个试验资料，究竟采用哪一种多重比较方法，主要应根据否定一个正确的 H_0 和接受一个不正确的 H_0 的相对重要性来决定。如果否定正确的 H_0 是事关重大或后果严重的，或对试验要求严格时，用 SNK 法较为妥当；如果接受一个不正确的 H_0 是事关重大或后果严重的，则宜用 LSD 法。

生物试验中，由于试验误差较大，常采用 Duncan 法；F 检验显著后，为了简便，也可采用 LSD 法。

6.3.3 探索性研究与证实性研究都适用的检验

1. Bonferroni 法

当比较次数不多（如小于 10 次）时，Bonferroni 法的效果较好。比较次数 C 与处

理数 k 有关，$C=k(k-1)/2$，C 越大，Bonferroni 法越不容易达到显著水平。

2. Sidak 法

根据 Sidak 的不等式进行校正的 t 检验法，比 Bonferroni 法检验更严格。

6.3.4 方差不等时的检验

对于不能满足方差相等（有齐性）的资料，需要选择另外的检验方法进行两两比较。主要有 Tamhane's T_2、Dunnett's T_3、Games-Howell 和 Dunnett's C。Games-Howell 检验适用于样本含量小且方差不齐（轻度方差不齐例外）时的情况。该方法是方差不齐时的一种较好的方法，但如果样本含量相差悬殊，该法也会不精确（图 6-1）。

图 6-1　多组均值间比较时的方法选择流程图（张熙和张晋昕，2008）

SPSS 为 LSD、Bonferroni、Sidàk、Dunnett、Tamhane's T_2、Dunnett's T_3、Games-Howell、Dunnett's C 进行多重比较，为 S-N-K、Tukey'b、Duncan、R-E-G-WF、R-E-G-WQ 以及 Waller-Duncan 进行子集一致性检验，为 Tukey、Scheffé、Hochberg's GT_2、Gabriel 既进行多重比较，又进行多范围检验。

应当注意，无论采用何种方法表示多重比较，都应注明比较方法。

6.4 单因素方差分析

【例 6-1】 某水产研究所比较 4 种不同配方的饲料对鱼的饲养效果,选择了条件相同的鱼 20 尾,随机分成 5 组,投喂不同饲料,1 个月后,各组鱼的增重资料如表 6-1 所示,试进行方差分析。

表 6-1 不同饲料投喂后鱼的增重资料　　　　　　　　　　(单位:g)

饲料	重复 1	重复 2	重复 3	重复 4	重复 5
A_1	319	279	318	284	359
A_2	248	257	268	279	262
A_3	221	236	273	249	258
A_4	270	308	290	245	286

本题可以用 DPS、SPSS 来解题。

1) DPS 解题

(1) 输入数据并选择数据,点击菜单"试验统计"→"完全随机设计"→"单因素试验统计分析"(图 6-2)。

图 6-2 分析菜单的选择

(2) 弹出对话框,"数据转换方式"默认为"不转换",不修改;"多重比较方法"默认为"Tukey 法",修改为"LSD 法";各个处理名称选择"第一列"(图 6-3)。

(3) 点击"确定",即可得到结果(图 6-4)。

结果第一部分给出了饲料因素的 4 个水平下各处理的平均数、均值、标准差、标准误、95% 置信区间。

结果第二部分是方差分析表,$F=7.1320$,$P=0.0029<0.01$,表明不同饲料对鱼的增重有非常显著的差异。

图 6-3 参数设置

结果第三部分给出了 LSD 法多重比较结果。一是三角法，下三角为均值与统计量，上三角为 P 值，可以根据 P 值，判断两个水平间有无显著差异。例如 A_1 与 A_4 之间 $P=0.0438<0.05$，有显著差异；A_1 与 A_2 间 $P=0.0041<0.01$，有非常显著的差异。二是字母法，字母法表示的多重比较比较简洁。首先根据均值由大到小将 A 因素的 4 个水平从上而下排列，均值排在第二列，第三列是 5% 显著水平，用小写字母 a、b、c 等表示各因素之间的差异。第四列是 1% 的显著水平，用大写字母 A、B、C 等表示。在 5% 或 1% 的水平上，无论哪两个水平比较，只要看到有相同字母，就是无显著差异，只有完全不同的字母，才是有显著差异。如在 5% 显著水平，A_1 的 "a" 与 A_4 的 "b" 是完全不同的字母，就表示 A_1 与 A_4 之间有显著差异；而在 1% 的极显著水平，A_1 的 "A" 与 A_4 的 "AB"，由于含有相同字母 "A"，就表示两者没有极显著的差异；而 A_1 的 "A" 与 A_2 的 "B"，就表示两者间有极显著的差异。

处理	样本数	均值	标准差	标准误	95%置信区间	
A1	5	311.8000	32.2754	14.4340	271.7248	351.8752
A2	5	262.8000	11.6490	5.2096	248.3358	277.2642
A3	5	247.4000	19.9825	8.9364	222.5885	272.2115
A4	5	279.8000	23.6897	10.5943	250.3854	309.2146

方差分析表

变异来源	平方和	自由度	均方	F值	p值
处理间	11435.3500	3	3811.7833	7.1320	0.0029
处理内	8551.6000	16	534.4750		
总变异	19986.9500	19			

LSD法多重比较(下三角为均值差及统计量，上三角为p值)

LSD05=30.9963   LSD01=42.7064

No.	均值	1	4	2	3
A1	311.8000		0.0438	0.0041	0.0004
A4	279.8000	32.0000(2.19)		0.2620	0.0415
A2	262.8000	49.0000(3.35)	17.0000(1.16)		0.3079
A3	247.4000	64.4000(4.40)	32.4000(2.22)	15.4000(1.05)	

字母标记表示结果

处理	均值	5%显著水平	1%极显著水平
A1	311.8000	a	A
A4	279.8000	b	AB
A2	262.8000	bc	B
A3	247.4000	c	B

图 6-4 分析结果

例 6-1 中，用 LSD 法多重比较与 SNK 检验法结果是不一样的，如图 6-5 所示。

处理	均值	5%显著	1%极显著水平
A1	311.80	a	A
A4	279.80	b	AB
A2	262.80	bc	B
A3	247.40	c	B

LSD 法

处理	均值	5%显著	1%极显著水平
A1	311.80	a	A
A4	279.80	b	AB
A2	262.80	b	AB
A3	247.40	b	B

SNK 检验法

图 6-5　LSD 法与 SNK 检验法分析结果的比较

这个结果验证了 LSD 法的尺度小于 SNK 检验法，即 LSD 法比 SNK 检验法更容易得出差异显著的结论。

2) SPSS 解题

（1）输入数据，点击菜单"分析（A）"→"一般线性模型（G）"→"单变量（U）"（图 6-6）。

图 6-6　分析菜单的选择

（2）弹出对话框，将增重选择到"因变量（D）"中，将饲料选择到"固定因子（F）"中（图 6-7）。

（3）点击"两两比较（H）"，跳出子对话框，将饲料选择到"两两比较检验（P）"，在"假定方差齐性"下面，勾选"LSD（L）"、"S-N-K（S）"、"Tukey"、"Duncan（D）"（图 6-8）。

（4）点击"继续"返回上级对话框，再点击"选项"，弹出子对话框，在"输出"

勾选"方差齐性检验（H）"（图 6-9）。

图 6-7 参数设置

图 6-8 多重比较方法的选择

（5）点击"继续"返回上级对话框，再点击"确定"即可得到结果（图 6-10）。

图 6-9 选项设定

图 6-10 分析结果

结果首先给出了饲料的 4 个水平的样本数，然后是方差等同性的 Levene 检验，$P=0.295$，结果表明方差是有齐性的。

进一步的方差分析结果显示（图 6-11），饲料对应的 F 值为 7.132，$P=0.003<0.01$，表明不同饲料对鱼的增重有非常显著的差异。

多重比较结果首先是 Tukey 法的检验结果，sig 值（即 P 值）小于 0.05，就表明对应的两个水平之间的均值有显著差异，均值差值对应的右上角有"*"标记。如 A_1

主体间效应的检验

因变量:增重

源	III 型平方和	df	均方	F	Sig.
校正模型	11435.350a	3	3811.783	7.132	.003
截距	1517454.050	1	1517454.050	2839.149	.000
饲料	11435.350	3	3811.783	7.132	.003
误差	8551.600	16	534.475		
总计	1537441.000	20			
校正的总计	19986.950	19			

a. R方 = .572（调整 R方 = .492）

图 6-11　显著性检验

与 A_2、A_3 对应的 P 值分别为 0.019 与 0.002，表明 A_1 与 A_2、A_3 之间的差异非常显著，对应的差值右上角就有"*"标记，分别是"49.00*"与"64.40*"（图 6-12）。

多个比较

因变量:增重

	(I) 饲料	(J) 饲料	均值差值 (I-J)	标准误差	Sig.	95% 置信区间 下限	95% 置信区间 上限
Tukey HSD	A1	A2	49.00*	14.622	.019	7.17	90.83
		A3	64.40*	14.622	.002	22.57	106.23
		A4	32.00	14.622	.169	-9.83	73.83
	A2	A1	-49.00*	14.622	.019	-90.83	-7.17
		A3	15.40	14.622	.722	-26.43	57.23
		A4	-17.00	14.622	.658	-58.83	24.83
	A3	A1	-64.40*	14.622	.002	-106.23	-22.57
		A2	-15.40	14.622	.722	-57.23	26.43
		A4	-32.40	14.622	.161	-74.23	9.43
	A4	A1	-32.00	14.622	.169	-73.83	9.83
		A2	17.00	14.622	.658	-24.83	58.83
		A3	32.40	14.622	.161	-9.43	74.23

图 6-12　多重比较结果

【例 6-2】 用某小麦种子进行切胚乳试验，试验分为三种处理：完整小麦（A_1）、切去一半胚乳（A_2）、切去全部胚乳（A_3），同期播种于条件较一致的花盆内，出苗后每盆选留两株，成熟后进行单株考种，每株粒重（g）结果列于表 6-2，试进行方差分析。

表 6-2　小麦切胚乳试验单株粒重

处理	株号									
	1	2	3	4	5	6	7	8	9	10
A_1	21	29	24	22	25	30	27	26		
A_2	20	25	25	23	29	31	24	26	20	21
A_3	24	22	28	25	21	26				

可用 DPS 解题，具体方法如下。

(1) 输入数据，选择数据，点击菜单"试验统计"→"方差齐性测验"（图6-13）。

图 6-13 方差齐性检验

(2) 结果如下（图6-14）。

5 种方差齐性检验的结果中，所有的 P 值都是大于 0.05，表明方差有齐性，数据无需处理就可进行方差分析。

Bartlett卡方检验
卡方值Chi=0.69169　df=2　p=0.70762
Levene检验
离差绝对值
F=0.3533　df1=2　df2=21　P=0.7065
离差平方
F=0.6886　df1=2　df2=21　P=0.5132
Brown_Forsythe法
F=0.3520　df1=2　df2=21　P=0.7074
O'Brien法
F=0.5079　df1=2　df2=21　P=0.6090

图 6-14 方差齐性检验结果

(3) 选择数据，点击菜单"试验统计"→"完全随机设计"→"单因素试验统计分析"（图6-15）。

图 6-15 分析菜单的选择

(4) 弹出对话框，"数据转换方式"默认为"不转换"，不作修改；"多重比较方法"选择"LSD法"；"各个处理名称"选择"第一列"（图6-16）。

(5) 点击"确定"，即可得到结果（图6-17）。

方差分析表中可以看出，$P=0.7314>0.05$，表明三种处理的单株粒重无显著差

图 6-16 分析参数设置

处理	样本数	均值	标准差	标准误	95%置信区间	
A1	8	25.5000	3.1623	1.1180	22.8563	28.1437
A2	10	24.4000	3.6576	1.1566	21.7835	27.0165
A3	6	24.3333	2.5820	1.0541	21.6237	27.0430

方差分析表

变异来源	平方和	自由度	均方	F值	p值
处理间	6.7667	2	3.3833	0.3180	0.7314
处理内	223.7333	21	10.6540		
总变异	230.5000	23			

图 6-17 方差分析表

异,无需再进行多重比较。

6.5 二因素方差分析

二因素试验的方差分析中,我们需要对因素的主效和因素间的互作进行分析。因素间的互作显著与否,关系到主效的利用价值,有时候互作效应相当大,大到可以忽略主效应。二因素之间是否存在互作同样可以用软件进行分析。

6.5.1 无重复观测值的二因素方差分析

【例 6-3】 将一种生长激素配置成 A_1、A_2、A_3、A_4、A_5 5 种浓度,并用 B_1、B_2、B_3 3 种时间浸渍某大豆种子,出苗 45 天后得到各处理的每一植株的平均干物重(g),结果见表 6-3。试作方差分析并进行多重比较。

本例中研究激素和时间的效应,这两个因素为固定因素,因而适用于固定模型。本题可用 DPS 与 SPSS 两种软件来解题。

表 6-3　激素及浸渍时间对大豆干物重的影响　　　　　　　　　　（单位：g）

浓度（A）	时间（B）		
	B_1	B_2	B_3
A_1	13	14	14
A_2	12	12	13
A_3	3	3	3
A_4	10	9	10
A_5	2	5	4

1) DPS 解题

（1）输入数据，选择数据，点击菜单"试验统计"→"完全随机设计"→"二因素无重复试验统计分析"（图 6-18）。

图 6-18　分析菜单的选择

（2）弹出对话框，选择"0. 不转换"（即输入"0"）（图 6-19）。

（3）点击"OK"，弹出下一个对话框（图 6-20）。

图 6-19　数据转换方式的选择

图 6-20　多重比较方法的选择

(4) 点击"确定",即可得到结果(图6-21)。

处理	均值	标准差			
A1	13.6667	0.5774			
A2	12.3333	0.5774			
A3	3	0			
A4	9.6667	0.5774			
A5	3.6667	1.5275			
B1	8	5.1478			
B2	8.6000	4.6152			
B3	8.8000	5.0695			
表 方差分析表					
变异来源	平方和	自由度	均方	F值	p值
处理1间	289.0667	4	72.2667	117.1890	0
处理2间	1.7333	2	0.8667	1.4050	0.2999
误差	4.9333	8	0.6167		
总变异	295.7333	14			

图6-21 方差分析表

由图6-21可以看出,因素A对于干物重具有非常显著的影响($P=0<0.01$),而因素B(处理2间)对大豆干物重无显著影响($P=0.2999>0.05$)。接下来是因素A之间的多重比较(图6-22)。

处理1间的多重比较						
Duncan多重比较(下三角为均值差及统计量,上三角为p值)						
No.	均值	1	2	4	5	3
A1	13.6667		0.0712	0.0003	0	0
A2	12.3333	1.3333(2.94)		0.0032	0	0
A4	9.6667	4.0000(8.82)	2.6667(5.88)		0	0
A5	3.6667	10.0000	8.6667(19.12)	6.0000(13.23)		0.3289
A3	3	10.6667	9.3333(20.59)	6.6667(14.70)	0.6667(1.47)	
字母标记表示结果						
处理	均值	5%显著水平	1%极显著水平			
A1	13.6667	a	A			
A2	12.3333	a	A			
A4	9.6667	b	B			
A5	3.6667	c	C			
A3	3	c	C			

图6-22 A因素多重比较结果

根据Duncan多重比较结果,A_1与A_2、A_5与A_3无显著差异,其他激素浓度处理后的差异是非常显著的,但A_1、A_2的处理效果最好。

2) DPS 解题

(1) 输入数据,选择数据,点击菜单"试验统计"→"一般线性模型"→"一般线性模型方差分析"(图6-23)。

(2) 弹出菜单,将A、B作为变异来源选择到中间,"平方和分解方式"默认为"Ⅲ型",不作修改;"定型变量编码"默认为"效应编码(ANOVA)",不作修改;"多重比较方法"选择"Duncan"(图6-24)。

图 6-23 分析菜单的选择

图 6-24 参数设置

(3) 点击"确定",即可得到结果(图 6-25)。

图 6-25 方差分析表

由图 6-25 可以看出，因素 A 对于干物重具有非常显著的影响（$P=0<0.01$），而因素 B（处理 2 间）对大豆干物重无显著影响（$P=0.2999>0.05$）。接下来是因素 A 之间的多重比较（图 6-26）。

图 6-26　A 因素多重比较结果

根据 Duncan 多重比较结果，A_1 与 A_2、A_5 与 A_3 无显著差异，其他激素浓度处理后的差异是非常显著的，但 A_1、A_2 的处理效果最好。

6.5.2　有重复观测值的二因素方差分析

1. 固定模型

【例 6-4】　研究不同温度与不同光照对某昆虫滞育期的影响，得试验数据如表 6-4 所示。分析不同温度和湿度对昆虫滞育期的影响是否存在着显著性差异。

表 6-4　光照和温度对昆虫滞育期的影响　　　　　　　　　（单位：天）

光照（A）	温度（B）	重复			
		1	2	3	4
5h/d	25℃	143	138	120	107
	30℃	101	100	80	83
	35℃	89	93	101	76

续表

光照（A）	温度（B）	重复			
		1	2	3	4
10h/d	25℃	96	103	78	91
	30℃	79	61	83	59
	35℃	80	76	61	67
15h/d	25℃	79	83	96	98
	30℃	60	71	78	64
	35℃	67	58	71	83

本例中，光照与温度都是人为控制的，是固定因素，可用固定模型进行分析。

1) DPS 解题

（1）输入数据，选择数据，点击菜单"试验统计"→"方差齐性测验"（图 6-27）。

图 6-27　方差齐性检验

（2）弹出对话框，选择"0. 不转换"（即输入"0"）（图 6-28）。

（3）点击"OK"，即可得到结果（图 6-29）。

图 6-28　数据转换方式的选择　　　　图 6-29　方差齐性检验结果

（4）各种检验结果的 P 都大于 0.05，表明方差有齐性。

(5) 再返回数据页面，选择数据，点击菜单"试验统计"→"完全随机设计"→"二因素有重复试验统计分析"（图 6-30）。

图 6-30　分析菜单的选择

(6) 弹出对话框，输入各个处理个数，分别在"处理 A"后面填入 3，"处理 B"后面填入 3（图 6-31）。

(7) 点击"确认"，弹出下一个对话框，由于方差有齐性，所以选择"0. 不转换"（即输入"0"）（图 6-32）。

图 6-31　各处理水平数的设定

图 6-32　数据转换方式的选择

(8) 点击"OK"，弹出多重比较对话框，选择"Tukey 法"（图 6-33）。

(9) 点击"确定"，即可得到结果（图 6-34）。

由图 6-34 可见，因素 A、因素 B 对应的 P 值都是小于 0.01，表明因素 A（光照）、因素 B（温度）对滞育期有非常显著的影响。A×B 表示因素 A 与因素 B 的交互作用，对应的 $P=0.4505$，表明交互作用不显著。接下来是多重比较（图 6-35）。

因素 A_1 时滞育期最长，均值为 102.5833，非常显著地高于 A_2 与 A_3 时的滞育期。A_2 与 A_3 时的滞育期无显著差异。

图 6-33　多重比较方法的选择

处理	均值	标准差
A1	102.5833	21.5299
A2	77.8333	14.1796
A3	75.6667	12.9638
B1	102.6667	21.3130
B2	76.5833	14.3429
B3	76.8333	13.0581

各个处理组合均值

A1B1=	127	A1B2=	91	A1B3=	89.7500
A2B1=	92	A2B2=	70.5000	A2B3=	71
A3B1=	89	A3B2=	68.2500	A3B3=	69.7500

方差分析表(固定模型)

变异来源	平方和	自由度	均方	F值	p值
A因素间	5367.0556	2	2683.5278	21.9350	0
B因素间	5391.0556	2	2695.5278	22.0330	0
A×B	464.9444	4	116.2361	0.9500	0.4505
误差	3303.2500	27	122.3426		
总变异	14526.3056	35			

方差分析表(随机模型)

变异来源	平方和	自由度	均方	F值	p值
A因素间	5367.0556	2	2683.5278	23.0870	0.0064
B因素间	5391.0556	2	2695.5278	23.1900	0.0063
A×B	464.9444	4	116.2361	0.9500	0.4505
误差	3303.2500	27	122.3426		
总变异	14526.3056	35			

图 6-34　方差分析各种模型的显著性检验结果

A因素间多重比较

Tukey法多重比较(下三角为均值差及统计量,上三角为p值)
Tukey05=11.1960　　Tukey01=14.3521

No.	均值	1	2	3
A1	102.5833		0.0001	0.0001
A2	77.8333	24.7500(7.75)		0.8814
A3	75.6667	26.9167(8.43)	2.1667(0.68)	

字母标记表示结果

处理	均值	5%显著水平	1%极显著水平
A1	102.5833	a	A
A2	77.8333	b	B
A3	75.6667	b	B

B因素间多重比较

Tukey法多重比较(下三角为均值差及统计量,上三角为p值)
Tukey05=11.1960　　Tukey01=14.3521

No.	均值	1	3	2
B1	102.6667		0.0001	0.0001
B3	76.8333	25.8333(8.09)		0.9983
B2	76.5833	26.0833(8.17)	0.2500(0.08)	

字母标记表示结果

处理	均值	5%显著水平	1%极显著水平
B1	102.6667	a	A
B3	76.8333	b	B
B2	76.5833	b	B

图 6-35　各因素多重比较结果

因素 B_1 时滞育期最长，均值为 102.6667，非常显著高于 B_2 与 B_3 时的滞育期。B_2 与 B_3 时的滞育期无显著差异。

2) DPS 另解

（1）输入数据与选择数据，点击菜单"试验统计"→"一般线性模型"→"一般线性模型方差分析"（图 6-36）。

图 6-36 分析菜单的选择

（2）弹出对话框，点击""，将 A、B、A*B 一次性选择到右侧空白框中。其余不作修改（图 6-37）。

（3）点击"确定"，即可得到结果（图 6-38）。

图 6-37 参数的设置　　　　　　图 6-38 显著性检验结果

（4）显著性检验结果中看"方差分析表"，因素 A、因素 B 对应的 P 值都是小于 0.01，表明因素 A（光照）、因素 B（温度）对滞育期有非常显著的影响。A×B 表示因素 A 与因素 B 的交互作用，对应的 $P=0.4505$，表明交互作用不显著。接下来先是因素 A 的均值与多重比较（图 6-39）。

因素 A_1 时滞育期最长,均值为 102.5833,非常显著地高于 A_2 与 A_3 时的滞育期。A_2 与 A_3 时的滞育期无显著差异。接下来是因素 B 的多重比较(图 6-40)。

图 6-39 A 因素多重比较结果　　　　图 6-40 B 因素多重比较结果

因素 B_1 时滞育期最长,均值为 102.6667,非常显著高于 B_2 与 B_3 时的滞育期。B_2 与 B_3 时的滞育期无显著差异。

2. 混合模型

【例 6-5】 啤酒厂生产中需要研究烘烤时间(A)与大麦水分(B)对糖化时间的影响,选择 2 种烘烤方式,4 种水分,每一处理重复 3 次,结果如表 6-5。试进行两因素方差分析。

表 6-5 不同烘烤方式及水分对糖化时间的影响　　　　(单位:h)

烘烤方式 A	水分 B	重复		
		1	2	3
A_1	B_1	12.0	13.0	14.5
A_1	B_2	9.5	10.0	12.5
A_1	B_3	16.0	15.5	14.0
A_1	B_4	18.0	19.0	17.0
A_2	B_1	5.0	6.5	5.5
A_2	B_2	13.0	14.0	15.0
A_2	B_3	17.5	18.5	16.0
A_2	B_4	15.0	16.0	17.5

例 6-5 中,烘烤方式这一因素是固定因素,大麦水分是不均匀的,又不易控制,是随机因素,其效应也是随机的。因此本题是一个混合模型的方差分析。

可用 DPS 解题,具体方法如下。

(1) 在 DPS 中,混合模型必须用一般线性模型处理。输入数据,选择数据,点击菜单"试验统计"→"一般线性模型"→"一般线性模型方差分析"(图6-41)。

图6-41 分析菜单的选择

（2）弹出对话框，点击""，将A、B、A*B从可供分析的变异来源全部选择到右侧方差分析模型中去（图6-42）。

图6-42 参数设置

（3）在DPS中，两个因素的方差分析默认是当作固定模型；当出现随机因素时，要视具体情况，指定误差项目，具体指定如表6-6所示。

表6-6 DPS中两因素方差分析的几种类型及 F 统计量计算

因素	固定模型	随机模型	A固定B随机	A随机B固定
A	$F_A=MS_A/MS_e$	$F_A=MS_A/MS_{A*B}$	$F_A=MS_A/MS_{A*B}$	$F_A=MS_A/MS_e$
B	$F_B=MS_B/MS_e$	$F_B=MS_B/MS_{A*B}$	$F_B=MS_B/MS_e$	$F_B=MS_B/MS_{A*B}$
A*B	$F_{A*B}=MS_{A*B}/MS_e$	$F_{A*B}=MS_{A*B}/MS_e$	$F_{A*B}=MS_{A*B}/MS_e$	$F_{A*B}=MS_{A*B}/MS_e$

（4）由于该模型属于A固定B随机的混合模型，计算因素A的统计量 F 所用的误差均方不是默认的 MS_e，而是 MS_{A*B}，因此需用户自行指定。误差均方自定义方法：在用户界面右边的窗口中，双击"A"，此时上部"变异来源"编辑窗口中显示"A/"（图6-43）。

（5）再用鼠标选择并双击误差均方项"A*B"。这时，上方窗口中会显示当前的定义"A*B"（图6-44）。

图 6-43　误差项 A 的导入

图 6-44　误差项"A*B 的导入

(6) 此时将光标移到均方误差编辑框,按回车键,这时中间较大窗口第一行已经显示为"A/A*B"(图 6-45)。

(7) 其他设置不作修改,点击"确定",即可得到结果(图 6-46)。

(8) 在方差分析表中,因素 A(烘烤方式)对应的 F 值为 0.1536,$P=0.7213$,表明两种烘烤方式下的糖化时间无显著差异。因素 B(大麦水分)对应的 F 值为 55.4823,$P=0.0000$,表明不同大麦水分时糖化时间有非常显著的差异。A*B 的交互作用对应的 F 值为 26.0884,$P=0.0000$,表明烘烤方式与大麦水分之间的互作对糖化时间有非常显著的影响。接下来是两因素互作多重比较(图 6-47)。

从不同水平组合平均数的多重比较看,A_1*B_4 与 A_2*B_3 组合下的糖化时间显著长于其他组合,而 A_2*B_1 组合时糖化时间显著短于其他组合。

图 6-45　误差项 A/A*B 的导入

图 6-46 显著性检验

图 6-47 两因素互作多重比较结果

6.6 统分组（嵌套）资料的方差分析

嵌套试验设计的受试对象本身具有分组再分组的各种分组因素，处理（即最终的试验条件）是各因素各水平的全面组合，且因素之间在专业上有主次之分；或者受试对象本身并非具有分组再分组的各种分组因素，处理（即最终的试验条件）不是各因素各水平的全面组合，而是各因素按其隶属关系系统分组，且因素之间在专业上有主次之分。

【例 6-6】 比较 4 条公鱼的产鱼效应，每条公鱼与 3 条母鱼交配后，后代在两个池塘中养殖，长大后测定体重，比较 4 条公鱼对母鱼产量的影响有无显著差异（表 6-7）。

表 6-7　公鱼内母鱼间的产鱼量　　　　　　　　　　（单位：kg）

公鱼（A）	母鱼（B）	产鱼量	
		1号池	2号池
A_1	B_1	85	89
A_1	B_2	72	70
A_1	B_3	70	67
A_2	B_4	82	84
A_2	B_5	91	88
A_2	B_6	85	83
A_3	B_7	65	61
A_3	B_8	59	62
A_3	B_9	60	56
A_4	B_{10}	67	71
A_4	B_{11}	75	78
A_4	B_{12}	85	89

（1）在 DPS 中输入数据，选择数据，点击菜单"试验统计"→"完全随机设计"→"系统分组（巢式）试验统计分析"（图 6-48）。

图 6-48　分析菜单的选择

（2）弹出对话框，提示输入"处理组数，或各组的样本数"，这里有 4 条公鱼，输入"4"（图 6-49）。

（3）点击"OK"，弹出多重比较的对话框，默认选择"Tukey 法"（图 6-50）。

图 6-49 处理组数的输入

图 6-50 多重比较方法的选择

(4) 点击"确定",即可得到结果(图 6-51)。

从图 6-51 "方差分析表"中,处理(组)内对应的 F 值为 6.5025,P 值为 $0.0154<0.05$,表明 4 条公鱼间的产量有显著差异;组内亚组间对应的 F 值为 18.8438,P 值为 $0.000<0.01$,表明公鱼内母鱼间的产量有极其显著的差异。

多重比较结果显示,公鱼 2 的后代产量最高,但与公鱼 4、公鱼 1 之间无显著差异。公鱼 3 的后代产量最小,显著低于其他 3 条公鱼。

方差分析表					
变异来源	平方和	自由度	均方	F值	p值
处理(组)间	1960.5000	3	653.5000	6.5025	0.0154
组内亚组间	804	8	100.5000	18.8438	0.0000
处理内	64	12	5.3333		
总变异	2828.5000	23			

处理(组)间多重比较

Tukey法多重比较(下三角为均值差及统计量,上三角为p值)
Tukey05=18.5350   Tukey01=25.3907

No.	均值	2	4	1	3
2	85.5000		0.5425	0.3707	0.0109
4	77.5000	8.0000(1.95)		0.9848	0.0727
1	75.5000	10.0000(2.44)	2.0000(0.49)		0.1183
3	60.5000	25.0000(6.11)	17.0000(4.15)	15.0000(3.67)	

字母标记表示结果

处理	均值	5%显著水平	1%极显著水平
2	85.5000	a	A
4	77.5000	ab	A
1	75.5000	ab	A
3	60.5000	b	A

图 6-51 显著性检验及多重比较结果

6.7 方差分析的基本假定与数据转换

6.7.1 方差分析的基本假定

对试验数据进行方差分析是有条件的，即方差分析的有效性建立在一些基本假定上，如果分析的数据不符合这些基本假定，得出的结论就会不正确。一般在试验设计时，就要考虑方差分析的条件。

1. 正态性

实验误差应当为服从正态分布 $N(0, \sigma^2)$ 的独立的随机变量。应用方差分析的资料应该服从正态分布，即每一个观测值 x_{ij} 应该围绕平均数呈正态分布。如果数据分布的正态性不能满足，则应根据误差服从的理论分布采取适当的数据变换后也能进行方差分析，具体方法将在本节后边介绍。

2. 可加性

处理效应与误差效应是可加的，每一次观察值都包含了总体平均数、因素主效应、随机误差三部分，这些组成部分必须以叠加的方式综合起来，即每一个观察值都可视为这些组成部分的累加之和，即 $x_{ij} = \mu + \alpha_i + \varepsilon_{ij}$，这样才能将试验的总变异分解为各种原因引起的变异，确定各变异在总变异中所占的比例，对试验结果进行客观评价。在某些情况下，如数据服从对数正态分布（即数据取对数后才服从正态分布）时，各部分是以连乘的形式综合起来，此时就需要先对原始数据进行对数变换，一方面保证误差服从正态分布，另一方面也可保证数据满足可加性的要求。

3. 方差同质性

方差同质性也称方差齐性，即要求所有处理随机误差的方差都要相等，$\sigma_1^2 = \sigma_2^2 = \cdots = \sigma_n^2$，换句话说，不同处理不能影响随机误差的方差。如果方差齐性条件不能满足，只要不属于研究对象本身的原因，在不影响分析正确性的条件下，可以将变异特别明显的异常值剔除。此外，也可采用数据变换的方法加以弥补。

6.7.2 数据转换

方差分析应满足的三个条件：正态性、可加性、方差齐性。若在这三个条件不满足的情况下进行方差分析，很可能会导致错误的结论。可加性与方差齐性是互相关联的，因为有些非正态分布，其方差与期望间常有一定的函数关系，如 Poisson 分布数据的期望与方差相等,指数分布数据期望的平方等于方差等。此时若均值不等,则方差显然也不会相等。在这种情况下,应在进行方差分析之前对数据进行变换,变换主要是针对方差齐性设计的,但对其他两个条件常也可有所改善。这里不介绍变换的数学原理,只介绍常用的变换方法及适用的条件。

1. 平方根转换

用于服从泊松(Poisson)分布的数据。常见的例子如血细胞计数值、一定面积内的菌落数、一定体积溶液中的细胞数或细菌数、单位时间内的自发放射数、一定区域内的动植物数量等。其特点是每个个体出现在哪里完全是随机的,与其邻居无关。符合这一特点的现象通常服从泊松分布。

【**例 6-7**】 表 6-8 是某除草剂 5 种浓度对燕麦田中的某杂草的处理效果,表中所列的是一定面积燕麦田中某杂草的株数。

表 6-8 除草剂对杂草的处理效果

处理	重 复			
	1	2	3	4
A_1	438	442	319	380
A_2	538	422	377	315
A_3	77	61	51	52
A_4	17	31	29	23
A_5	18	26	27	20

可用 DPS 解题,具体方法如下。

(1)从直观上看,A_1、A_2、A_3、A_4 及 A_5 间的数据相差就很大。用 DPS 进行方差齐性检验,输入数据,选择数据,点击菜单"试验统计"→"方差齐性测验"(图 6-52)。

(2)弹出对话框,选择"0. 不转换"(即输入"0")(图 6-53)。

图 6-52 分析菜单的选择

图 6-53 数据转换方式的选择

(3)点击"OK",即可得到结果(图 6-54)。

从 Levene 检验结果看,$P=0.0125<0.05$,方差不齐。

(4)用 DPS 对数据进行平方根转换,选择数据,点击菜单"试验统计"→"方差齐性测验",弹出对话框,选择"1. 平方根"(即输入"1")(图 6-55)。

图 6-54 方差齐性分析结果

图 6-55 平方根转换

(5) 点击"OK",即可得到结果(图 6-56)。

从 Levene 检验结果看,$P=0.0941>0.05$,方差有齐性。

2. 对数转换

主要用于指数分布或对数正态分布数据,如药物代谢动力学数据。对数转换对于削弱大变数的作用要比平方根转换强。例如,上面的例子,对数转换后进行齐性检验,比平方根转换后更具有齐性(图 6-57)。

图 6-56 方差齐性分析结果

平方根转换   对数转换

图 6-57 对数转换与平方根转换结果比较

Levene 检验结果表明,平方根转换后,$P=0.0941$,而对数转换后,$P=0.7986$。

3. 反正弦转换

当数据以比例或百分率表示,其分布趋于二项分布,方差分析时应该作反正弦转换。数据转换后,接近 0 或接近 100%的数值变异度增大,有利于满足方差同质性要求。如果数据集中于 30%~70%的二项分布本就接近正态分布,此时也可不做变换。

【例 6-8】 研究低温储藏不同时间对大白菜花粉生活力的影响,将花粉置于冰箱中,经 2h、4h、6h 后,镜检有生活力花粉的百分数,每个处理检验 6 个视野,对照为新鲜花粉,结果见表 6-9,试分析不同处理时间对花粉生活力影响的差异。

表 6-9 低温储藏不同时间对大白菜花粉生活力的影响

处理	重复					
	1	2	3	4	5	6
2h	85	80	91	82	90	78
4h	80	70	75	65	60	65
6h	55	65	49	52	60	50
对照	95	90	91	85	80	93

可用 DPS 解题,具体方法如下。

(1) 在 DPS 中,输入数据,选择数据,点击菜单"试验统计"→"完全随机设计"→"单因素试验统计分析"(图 6-58)。

图 6-58 分析菜单的选择

(2) 弹出对话框,"数据转换方式"选择"不转换","多重比较方法"选择"Tukey 法","各个处理名称"在"数据块左边"(图 6-59)。

(3) 点击"确定",即可得到结果(图 6-60,图 6-61)。

对照与 2h 无显著差异,其余各组间均有非常显著的差异。

(4) 如果弹出对话框后,"数据转换方式"选择"反正弦平方根转换","多重比较方法"选择"Tukey 法","各个处理名称"在"数据块左边"(图 6-62)。

(5) 点击"确定",即可得到结果(图 6-63,图 6-64)。

图 6-59 参数设置

图 6-60　方差分析表

处理	均值	5%显著水平	1%极显著水平
对照	89	a	A
2h	84.3333	a	A
4h	69.1667	b	B
6h	55.1667	c	C

图 6-61　方差分析结果

图 6-62　参数设置

变异来源	方差分析表				
	平方和	自由度	均方	F值	p值
处理间	1960.4254	3	653.4751	33.3150	0
处理内	392.2969	20	19.6148		
总变异	2352.7223	23			

图 6-63　方差分析表

处理	均值	5%显著水平	1%极显著水平
对照	89.4887	a	A
2h	84.6658	a	A
4h	69.3892	b	B
6h	55.2091	c	B

图 6-64　方差分析结果

对照与2h无显著差异，4h与6h无显著差异，对照和2h非常显著地高于4h和6h。结果与数据不转换是有差异的。

不论对原始资料作何种转换，其目的都只是为了使资料适合于方差分析和多重比较，从而作出正确结论。但在解释结果时，均值仍采用原来未转换的均值。

复习思考题

1. 什么是方差分析？方差分析的基本思路是什么？具体开展方差分析时主要步骤有哪些？
2. 进行方差分析的基本前提是什么？方差分析有哪些用途？
3. 什么是多重比较？常用的多重比较方法有哪些？
4. 设计5种不同的饲料剂型饲养鲫鱼，每种饲料剂型饲喂6网箱鲫鱼（每网箱鱼规格、数量相同），试验结束后，统计每网箱鲫鱼的增重情况，数据如下，试分析哪种饲料剂型的饲喂效果好？

剂型	观测值					
	1	2	3	4	5	6
Ⅰ	23	17	20	20	21	21
Ⅱ	18	16	19	18	14	21
Ⅲ	24	25	26	25	28	22
Ⅳ	27	21	23	19	24	23
Ⅴ	16	15	18	16	14	13

5. 病菌不同的血清型其致病的毒性是不同的，今欲检查不同的假单胞菌的致病作用，选择了5种血清型进行研究，以相同剂量注射入小鼠体内，观察其死亡的天数，数据如下，试分析不同血清型的毒性作用是否相同，为什么？

血清型	小鼠死亡天数									
PD	1	2	3	2	3	4	2			
11C	4	6	3	3	4	4	3	2	4	5
DSC1	3	4	3	7	5	3	4	5		
PCD	5	7	3	4	6					
BDK	6	4	3	3	5	6				

6. 紫锥菊是菊科类植物，其提取物对动物有较强的免疫功能，现某科研单位做一研究，随机抽取一批健康小鼠，随机分为5组，前4组正常免疫后按不同剂量（Ⅰ：0.1mL，Ⅱ：0.5mL，Ⅲ：1.0mL，Ⅳ：0mL）灌服该锥菊提取物，最后一组Ⅴ不免疫，5周龄后测定其外周血IL-2含量（pg/mL），数据如下。试作分析不同剂量的免疫效果是否存在显著差异，为什么？

剂量	外周血 IL-2 含量					
Ⅰ	56.6	58.4	55.6	60.1	57.5	
Ⅱ	61.1	63.8	58.0	59.5	62.5	60.6
Ⅲ	59.7	57.5	63.1	58.7		
Ⅳ	52.8	54.6	55.8	53.8	54.4	
Ⅴ	49.2	51.1	50.5	48.6	49.4	48.3	50.3

7. 营养物质不同的量会影响某些基因的表达，从而影响动物体的生长速度，现随机抽取一批正常同规格的罗非鱼，分为4组，将该营养物质按不同剂量进行饲喂。试验一个月后测定每一尾试验鱼某一基因的表达量，数据如下。试分析不同剂量营养物质是否影响了基因的表达？

营养物剂量	基因表达量						
A (0.1mL)	1.83	1.89	1.92	1.95	1.87		
B (0.5mL)	1.78	1.81	1.84	1.86	1.88	1.72	
C (1.0mL)	1.90	1.93	1.97	1.85			
D (0 mL)	2.08	2.11	2.07	2.00	1.97	1.91	2.05

8. 分析雌激素（E2）、孕激素（P4）不同组合对转染后子宫内膜基质细胞体外培养增殖作用的影响。E2：P4的比值第Ⅰ组为0：0、第Ⅱ组为0：100、第Ⅲ组为10：100、第Ⅳ组为100：0、第Ⅴ组为100：10组成混合培养液。取转染第20代子宫内膜

基质细胞，以 2×10^4 个/mL 的密度接种于 96 孔培养板，分别加入上述不同水平的培养液，每处理 6 个重复，培养后第 2 天开始做 MTT 试验。在 492nm 处以空白培养液作对照调"0"，测定各孔光吸收值（OD 值），逐日记录结果。第 8 天的数据（×10）如下。试分析各种不同激素组合的培养效果。

E2∶P2	OD 值					
Ⅰ（0∶0）	2.65	3.00	2.57	3.20	2.87	2.68
Ⅱ（0∶100）	2.89	2.43	2.90	2.35	2.60	2.79
Ⅲ（10∶100）	2.61	2.44	2.05	2.53	2.12	2.15
Ⅳ（100∶0）	2.57	2.71	2.17	2.06	2.54	2.36
Ⅴ（100∶10）	3.34	3.20	3.09	3.12	2.72	2.85

9. 以 A、B、C、D 4 种药剂处理水稻种子，其中 A 为对照，每处理各得 4 个苗高观察值（cm），其结果如下。试分析不同药剂处理水稻种子差异是否显著？

药剂	水稻苗高（cm）			
A	18	21	20	13
B	20	24	26	22
C	10	15	17	14
D	28	27	29	32

10. 采用 5 种生长素处理豌豆，未处理为对照，待种子发芽后，分别在每盆中移植 4 株，每组为 6 盆，每盆一个处理，试验共有 4 组 24 盆，并按组排于温室中，同组各盆的环境条件一致。当各盆见第一朵花时记录 4 株豌豆的总节间数，结果见表。试进行方差分析。

处理	分组			
	Ⅰ	Ⅱ	Ⅲ	Ⅳ
未处理（CK）	60	62	61	60
赤霉素	65	65	68	65
动力精	63	61	61	60
吲哚乙酸	64	67	63	61
硫酸腺嘌呤	62	65	62	64
马来酸	61	62	62	65

11. 施用 A_1、A_2、A_3 三种肥料于 B_1、B_2、B_3 三种土壤，以小麦为指示作物，每处理组合种三盆，结果如下。试进行方差分析。

肥料种类 (A)	盆	土壤种类 (B)		
		B₁（油砂）	B₂（二合）	B₃（白僵）
A₁	1	21.4	19.6	17.6
	2	21.2	18.8	16.6
	3	20.1	16.4	17.5
A₂	1	12.0	13.0	13.3
	2	14.2	13.7	14.0
	3	12.1	12.0	13.9
A₃	1	12.8	14.2	12.0
	2	13.8	13.6	14.6
	3	13.7	13.3	14.0

12. 不同给食率和不同的饲料剂型都会对鱼的产量产生影响，用莫桑比克罗非鱼做网箱养殖试验，得如下数据（试验指标：净产 kg/m²），试进行方差分析。

饲料剂型	低给食率	中等给食率	高给食率
湿团状料	14.15、13.26、15.23	15.80、15.32、15.98	16.32、16.88、17.54
干料	15.63、15.54、16.01	17.20、17.65、18.32	19.56、19.24、18.78
颗粒料	15.24、15.89、14.58	16.74、18.45、18.01	20.88、21.56、21.42
膨化料	15.87、16.54、16.71	19.55、20.45、20.89	23.44、24.17、23.87

第7章 非参数检验

内容提要

参数统计方法往往假设统计总体的分布形态已知,然而在实际情况下,有时缺乏足够信息,无法合理地假设一个总体具有某种分布形式,此时就不能继续采用参数估计,而应放弃对总体分布参数的依赖,转而采用非参数检验方法。非参数检验在假设检验中不对参数作明确的推断,也不涉及样本取自何种分布的总体,方法简单,适用范围较广。常用的非参数方法有符号检验、秩和检验、Wilcoxon 检验、Friedman 秩和检验、Cochran 检验、秩相关等,在不同情况下,需要选择不同的非参数检验方法。需要注意的是当资料采用非参数检验方法时,常会导致部分信息损失,降低检验效能。

前面所介绍的假设检验与方差分析,都是以总体分布已知或对分布作某种假定为前提,是限定分布的估计或检验,也称为参数估计。例如,对于平均数的假设检验,要求样本必须来自正态总体,或者样本足够大。但是,在实际应用中,我们往往不知道客观对象的总体分布或无法对总体分布作出某种假设,参数估计就受到限制,需要用非参数检验的方法来解决。

非参数检验对总体分布的具体形式不作任何限制性的假定,不以总体参数具体数值估计或检验为目的。非参数检验最大的特点是对样本资料无特殊要求,不过其检验的效率要低于参数检验。例如,对非配对资料的秩和检验,其效率仅为 t 检验的 86.4%,也就是说,以相同概率判断出显著差异,t 检验所需样本含量要比秩和检验少 13.6%。

7.1 符号检验

符号检验是指不需要知道数据的分布类型,而是根据统计资料的符号,可以简便地检验两组成对的数据是否属于同一总体。两个样本既可以是互相独立,也可以是相关的,也就是说既可检验两总体是否存在显著差异,也可检验是否来自同一总体。

【例7-1】 为研究某水库因采矿受到污染对渔业的影响,现随机抽取 8 个鱼肉样品,测定鱼肉中有害物质砷的含量(mg/kg)为 1.032、1.045、1.056、1.028、0.985、0.996、1.058、1.063。问该水库的鱼肉含砷量是否超过食用标准 1mg/kg?

可用 Minitab 解题,具体方法如下。

(1) 输入数据,点击菜单"统计(S)"→"非参数(N)"→"单样本符号(1)"(图 7-1)。

(2) 弹出对话框,将"含砷量"选择到"变量(V)"中,选择"检验中位数(T)",后面输入"1","备择(A)"选择"大于"(图 7-2)。

(3) 点击"确定(O)",即可得到结果(图 7-3)。

第 7 章 非参数检验

图 7-1 分析菜单的选择

$P=0.1445>0.05$，表明水库中鱼肉的含砷量未超过食用标准 1mg/kg。

图 7-2 参数设置　　　　　　　　　图 7-3 分析结果

【例 7-2】 某企业选择 CCTV6《银屏导视》栏目作广告，计划投放 15s 的广告，连续投放一个月的时间。在广告投放前和在《银屏导视》栏目广告投放 10 天后各作一次调查，两次调查结果如表 7-1 所示。使用符号检验分析广告对商品的促销效果。

表 7-1 广告前后产品的销售情况

商品号	广告前销量/件	广告后销量/件	差值	商品号	广告前销量/件	广告后销量/件	差值
1	2	2	0	8	3	4	−1
2	2	3	−1	9	3	4	−1
3	2	3	−1	10	3	3	0
4	2	4	−2	11	2	4	−2
5	2	3	−1	12	2	3	−1
6	3	2	1	13	3	2	1
7	3	3	0	14	3	4	−1

可用 Minitab 解题，具体方法如下。

（1）输入数据，点击菜单"统计（S）"→"非参数（N）"→"单样本符号（1）"（图 7-4）。

图 7-4 分析菜单的选择

（2）弹出对话框，将"差值"选择到"变量（V）"中，选择"检验中位数（T）"，后面输入"0"，"备择（A）"选择"小于"（图 7-5）。

（3）点击"确定（O）"，即可得到结果（图 7-6）。

图 7-5 参数设置　　　　　图 7-6 分析结果

$P=0.0327<0.05$，说明投放广告后提高了该企业商品的销售量。

7.2 符号秩检验

符号秩检验是改进的符号检验，也称为 Wilcoxon 检验，其效能远高于符号检验，因为它除了比较各对数值差值的符号外，还比较各对数据差值大小的秩次高低。不过，符号秩检验的效率仍然低于 t 检验，大约是 t 检验的 96%。

7.2.1 配对样本

如果两个总体的分布相同,每个配对数值的差应服从以 0 为中心的对称分布,即将差值按照绝对值的大小编秩(排顺序)并给秩次加上原来差值的符号后,所形成的正秩和与负秩和在理论上是相等的(满足差值总体中位数为 0 的假设),如果两者相差太大,超出界值范围,则拒绝原假设。

当 $5 \leqslant n \leqslant 25$ 时,计算 T_+ 与 T_-。

当 $n > 25$ 时,采用正态近似法,计算 Z 值。

当 $n < 5$ 时不能得出有差别的结论。

【例 7-3】 表 7-2 为豚鼠注入肾上腺素前后的每分钟灌流滴数,试比较给药前后灌流滴数有无显著差别。

表 7-2 豚鼠给药前后的灌流滴数

鼠号	每分钟灌流滴数		鼠号	每分钟灌流滴数	
	用药前(X_1)	用药后(X_2)		用药前(X_1)	用药后(X_2)
1	30	46	7	26	56
2	38	50	8	58	54
3	48	52	9	46	54
4	48	52	10	48	58
5	60	58	11	44	36
6	46	64	12	46	54

可用 DPS 解题,具体方法如下。

(1)输入数据,选择数据,点击菜单"试验统计"→"非参数检验"→"两样本配对 Wilcoxon 符号-秩检验"(图 7-7)。

图 7-7 分析菜单的选择

（2）立即得到结果（图7-8）。

配对差值	-16	-12	-4	-4	2	-18	-30	4	-8	-10	8	-8
配对秩	-10	-9	-3	-3	1	-11	-12	3	-6	-8	6	-6
Wilcoxon配对检验												
秩和	T-=68.00	T+=10.	T=10.0									
符号秩检验确切概率	0.0210											
大样本近似法												
结校正系数=		1	z=2.28	p=0.02								

图7-8 分析结果

$P=0.0210<0.05$，表明给药前后灌流滴数有显著差异。

7.2.2 非配对样本

非配对样本的秩检验是关于分别抽自两个总体的两个独立样本之间秩次的比较，它比配对样本的秩次检验的应用更为普遍。常用的有两样本的Wilcoxon秩和检验以及在此基础上发展的Mann-Whitney检验。

【例7-4】 研究两种不同能量水平饲料对5～6周龄肉仔鸡增重的影响，资料如表7-3所示。问：两种不同能量水平的饲料对肉仔鸡增重的影响有无差异？

表7-3 两种不同能量水平饲料的肉仔鸡增重及秩和检验　　　（单位：g）

饲 料	肉仔鸡增重								
高能量	603	585	598	620	617	650			
低能量	489	457	512	567	512	585	591	531	467

1. Minitab解题

（1）输入数据，点击菜单"统计（S）"→"非参数（N）"→"Mann-Whitney（M）"（图7-9）。

图7-9 分析菜单的选择

(2) 弹出对话框,将"高能量"选择到"第一样本(F)",将"低能量"选择到"第二样本(S)"(图 7-10)。

(3) 点击"确定(O)",即可得到结果(图 7-11)。

图 7-10　参数设置　　　　　　　　　图 7-11　分析结果

$P=0.0032<0.01$,拒绝零假设,表明两种不同能量水平的饲料对肉仔鸡增重有极显著的差异。

2. DPS解题

(1) 输入数据,选择数据,点击菜单"试验统计"→"非参数检验"→"两样本Wilcoxon检验"(图 7-12)。

图 7-12　分析菜单的选择

(2) 即可得到结果(图 7-13)。

图 7-13　分析结果

$P=0.0008<0.01$,表明两种不同能量水平的饲料对肉仔鸡增重有极显著的差异。

7.3 多个样本比较的非参数检验

在进行完全随机设计的多组均数比较时,试验观测结果有时会严重偏离正态分布,或组间方差不齐,或者观测结果是有序的,这时就要用多个样本比较的非参数检验。

7.3.1 Kruskal-Wallis 检验

【例7-5】 为了研究精氨酸对小鼠截肢后淋巴细胞转化功能的影响,将 21 只昆明种小鼠随机等分成 3 组:对照组 A、截肢组 B、截肢后用精氨酸治疗组 C。实验观测脾淋巴细胞对下丘脑-垂体-肾上腺轴(HPA)刺激的增殖反应,测量指标是 ^{3}H 吸收量(cpm),数据如表 7-5 所示。

表 7-4 脾淋巴细胞对 HPA 刺激的增殖反应

A组	B组	C组	A组	B组	C组
3012	2532	8138	13590	2775	6490
9458	4682	2073	12787	2884	9003
8419	2025	1867	6600	1717	0
9580	2268	885			

可用 DPS 解题,具体方法如下。

(1)输入数据,选择数据,点击菜单"试验统计"→"非参数检验"→"Kruskal Wallis 检验"(图 7-14)。

图 7-14 分析菜单的选择

(2) 立即得到结果（图 7-15）。

经近似卡方分布的显著性检验，$P=0.007\ 271<0.01$，表明三组小鼠之间的 ^3H 吸收量有极显著的差异。第 1 组（A 组）为对照组，多重比较显示，第 1 组与第 2 组差异显著（$P=0.0102<0.05$），第 1 组与第 3 组差异显著（$P=0.0172<0.05$）。

7.3.2 中位数检验

当 2 个或 2 个以上的资料不服从正态分布时，我们可以使用这一方法进行检验。当资料服从正态分布时，用中位数检验方法进行检验的效率总低于参数检验。

图 7-15 分析结果

【例 7-6】 用两种不同的方式饲养鸡，检测鸡粪样中球虫卵的数量，得数据如表 7-5 所示，试检验这两种饲养方式鸡感染球虫的程度是否相同。

表 7-5 两种饲养方式鸡感染球虫的程度

组别	鸡粪中球虫卵的数目						
笼养组（A）	8	7	5	6	10	9	3
平养组（B）	11	10	15	14	9	12	17

可用 DPS 解题，具体方法如下。

(1) 输入数据，选择数据，点击菜单"试验统计"→"非参数检验"→"中位数检验"（图 7-16）。

图 7-16 分析菜单的选择

依中位数划分的2×k表

1	6
6	1

卡方值Chi=7.1429
显著性水平p=0.0075

图 7-17　分析结果

(2) 立即得到结果（图 7-17）。

卡方值为 7.1429，$P=0.0075<0.01$，表明两种饲养方式下鸡粪样中球虫卵的数量有极显著差异。

7.4　Jonkheere-Terpstra 检验

Jonkheere-Terpstra 可以检验多个独立样本的位置参数是否有显著的持续上升或持续下降的趋势。

【例 7-7】　某物质采用 A、B、C 三种提取方式，得到提取率如表 7-6 所示。

表 7-6　三种提取方式的提取率

提取方式	提取率/%							
A	20	25	29	18	17	22	18	20
B	26	23	15	30	26	32	28	27
C	53	47	48	43	52	57	49	53

三种方式下的提取率是否有显著升高的趋势？

可用 DPS 解题，具体方法如下。

(1) 输入数据，选择数据，点击菜单"试验统计"→"非参数检验"→"Jonkheere-Terpstra 检验"（图 7-18）。

图 7-18　分析菜单的选择

图 7-19 分析结果

(2) 即可得到结果（图 7-19）。

大样本近似 z 值为 4.3379，$P=0.000\,007<0.01$，Monte Carlo 抽样概率 $P=0<0.01$，都表明三种提取方式下的提取率有非常显著的上升趋势。

7.5 Friedman 检验

Friedman 检验是对多个总体分布是否存在显著差异的非参数检验方法，其原假设是：多个配对样本来自的多个总体分布无显著差异。

【例 7-8】 7 名血吸虫患者在用某种药物治疗前后 SGPT 的变化如表 7-7 所示，试检验在治疗后不同周数的 SGPT 差别有无统计意义。

表 7-7 某种药物治疗 7 名血吸虫患者前后 SGPT 的变化　　（单位：μm）

患者号	治疗前	治疗后		
		1 周	2 周	3 周
1	63	188	138	63
2	90	238	220	144
3	54	300	83	92
4	45	140	213	100
5	54	175	150	36
6	72	300	163	90
7	64	207	185	87

这里治疗时间为因素，患者为区组。

1）Minitab 解题

(1) 输入数据，点击菜单 "统计（S）" → "非参数（N）" → "Friedman（F）"（图 7-20）。

(2) 弹出对话框，将 "SGPT" 选入 "响应（R）"，将 "治疗时间" 选入 "处理（T）"，将 "患者号" 选入 "区组（B）"（图 7-21）。

图 7-20 分析菜单的选择

(3) 点击"确定（O）"，得到结果（图 7-22）。

$S=17.35$，$P=0.001<0.01$，表明治疗前后的 SGPT 有极显著的差异。

图 7-21　参数设置　　　　　　　　　图 7-22　分析结果

2）DPS 解题

(1) 输入数据，选择数据，点击菜单"试验统计"→"非参数检验"→"Friedman 检验"（图 7-23）。

(2) 即可得到结果（图 7-24）。

Friedman 检验统计量为 17.3478，$P=0.0006<0.01$，表明治疗前后的 SGPT 有极显著的差异。与治疗前相比，治疗后 1 周有极显著差异（$P<0.01$），2 周后有显著差异（$P<0.05$），3 周后无显著差异（$P>0.05$）。

图 7-23 分析菜单的选择

图 7-24 分析结果

7.6 Kendall 协同系数检验

Kendall 协同系数检验适用于几个分类变量均为有序分类的情况。在实践中，常需要按照某些特别的性质多次对一些个体进行评估或排序。例如,几个(m个)评估机构对一些(n个)学校进行排序。人们想要知道,这些机构的结果是否一致,如果很不一致,则该评估多少有些随机,意义不大。这可以用 Kendall 协同系数检验。

【例 7-9】 4 个独立的环境研究单位对 15 个学校排序(表 7-8),问 4 个单位对不同学校的排序是否有一致性?

Kendall 协同系数检验的零假设是:对不同学校的排序是不相关的或者是随机的;备选假设为:对不同学校的排序是正相关的或者是多少一致的。

可用 DPS 解题,具体方法如下。

(1)输入数据,选择数据,点击菜单"试验统计"→"非参数检验"→"Kendall 协同系数检验"(图 7-25)。

表 7-8 4 个单位对不同学校的排序

评估机构	学校排名														
	1	2	3	4	5	6	7	8	9	10	11	12	13	14	15
A	2	4	14	11	10	9	6	13	12	5	3	8	7	1	15
B	3	5	11	8	12	14	1	13	7	9	6	4	2	10	15
C	2	12	13	6	5	11	10	3	7	8	14	4	9	1	15
D	10	13	12	14	9	6	2	7	3	5	8	4	11	1	15

图 7-25 分析菜单的选择

(2) 立即得到结果（图 7-26）。

个体号	R1	R2	R3	R4	R.	平均值	标准差	去极值后均值
1	2	3	2	10	17	4.2500	3.8622	2.5000
2	4	5	12	13	34	8.5000	4.6547	8.5000
3	14	11	13	12	50	12.5000	1.2910	12.5000
4	11	8	6	14	39	9.7500	3.5000	9.5000
5	10	12	5	9	36	9	2.9439	9.5000
6	9	14	11	6	40	10	3.3665	10
7	6	1	10	2	19	4.7500	4.1130	4
8	13	13	3	7	36	9	4.8990	10
9	12	7	7	3	29	7.2500	3.6856	7
10	5	9	8	5	27	6.7500	2.0616	6.5000
11	3	6	14	8	31	7.7500	4.6458	7
12	8	4	4	4	20	5	2	4
13	7	2	9	11	29	7.2500	3.8622	8
14	1	10	1	1	13	3.2500	4.5000	1
15	15	15	15	15	60	15	0	15
协同系数W=		0.4911						
近似卡方值=		27.5000						
自由度=		14						
p值=		0.0166						

图 7-26 分析结果

协同系数 $W=0.4911$，近似卡方值为 27.5000，$P=0.0166<0.05$，表明不同机构对学校的排序是有显著一致性的。

7.7 二元响应的 Cochran 检验

当观测值只取诸如 0 或 1 两个可能值时，由于有太多同样的数目（只有 0 和 1），排序的意义就很成问题了。这里要引进 Cochran 检验。

【例 7-10】 20 名顾客对 4 种瓶装饮用水进行了认可（记为 1）和不认可（记为 0）的表态（表 7-9）。问这 4 种瓶装水在顾客眼中是否有区别？

表 7-9 20 名顾客对 4 种瓶装饮用水的认可度

饮用水	顾客编号																			
	1	2	3	4	5	6	7	8	9	10	11	12	13	14	15	16	17	18	19	20
A	0	1	0	0	0	1	1	1	1	1	0	1	1	1	1	0	1	1	1	0
B	1	1	0	1	1	1	0	0	1	1	1	1	1	0	1	1	1	1	1	1
C	1	1	1	0	0	1	1	1	1	0	1	0	1	1	0	1	1	1	0	1
D	0	0	0	0	0	0	0	1	0	1	0	0	0	0	1	1	0	1	0	0

这里的零假设是：这些瓶装水（处理）在顾客（区组）眼中没有区别。

可用 DPS 解题，具体方法如下。

（1）输入数据，选择数据，点击菜单"试验统计"→"非参数检验"→"Cochran 检验"（图 7-27）。

图 7-27 分析菜单的选择

图 7-28 分析结果

（2）即可得到结果（图 7-28）。

$Q_c=12.3443$，$P=0.0063<0.01$，表明 4 种瓶装引用水在顾客眼中有极显著的差别。

7.8 秩 相 关

两个连续变量间呈线性相关时，使用 Pearson 相关系数，不满足线性相关分析的适用条件时，可以使用非参数秩相关系数来描述。常用的秩相关有 Spearman 相关与 Kendall 等级相关。

Spearman 相关是利用两变量的秩次大小作线性相关分析，对原始变量的分布不作要求。对于服从 Pearson 相关系数的数据也可计算 Spearman 相关系数，但统计效能要低一些。

Kendall 等级相关适用于两个分类变量均为有序分类的情况。

7.8.1 Spearman 秩相关

【例 7-11】 调查某地区 10 个乡的钉螺密度与血吸虫感染率（%）数据如表 7-10 所示。试分析该地区钉螺密度与感染率之间有无相关关系？

表 7-10 钉螺密度与血吸虫感染率

钉螺密度	感染率	钉螺密度	感染率
33	17	49	23
52	24	31	18
22	13	39	18
42	27	45	24
35	19	43	20

可用 DPS 解题，具体方法如下。

(1) 输入数据，选择数据，点击菜单"多元分析"→"相关分析"→"两变量相关分析"（图 7-29）。

图 7-29 分析菜单的选择

(2) 弹出对话框，选择"Spearman 秩相关"（图 7-30）。
(3) 点击"确定"，得到结果（图 7-31）。

图 7-30 参数设置　　　　　　　　　图 7-31 分析结果

相关系数＝0.817 088，$P＝0.0082＜0.01$，相关是极显著的。

7.8.2 等级相关

【例 7-12】 某大学抽取 10 名学生，进行艺术、文学、音乐三个方面能力的测试（表 7-11），试分析学生三个方面能力之间有无一致性。

表 7-11 10 名学生艺术、文学、音乐三个方面能力测试结果

学生	艺术	文学	音乐	学生	艺术	文学	音乐
S1	5	7	6	S6	3	4	3
S2	2	1	5	S7	7	6	4
S3	8	9	2	S8	4	3	1
S4	6	5	10	S9	9	8	7
S5	1	2	8	S10	10	10	9

表 7-11 中，按 10 名学生各方面能力分成 1~10 进行等级顺序排列。

可用 DPS 解题，具体方法如下。

(1) 在 DPS 中输入数据，选择数据，点击菜单"多元分析"→"相关分析"→"两变量相关分析"（图 7-32）。

图 7-32 分析菜单的选择

(2) 弹出对话框，选择"Kendal 秩相关"（图 7-33）。

(3) 点击"确定"，得到结果（图 7-34）。

图 7-33 参数设置   图 7-34 分析结果

结果表明，x_1（艺术）与 x_2（文学）之间相关极显著（$P=0.0004<0.01$），相关

系数 $\tau=0.7778$；x_1（艺术）与 x_3（音乐）之间相关不显著（$P=0.6007>0.05$）；x_2（文学）与 x_3（音乐）之间相关不显著（$P=0.4843>0.05$）。

复习思考题

1. 什么叫非参数检验？非参数检验与参数检验有何区别？各有什么特点？

2. 在缺氧条件下，观察 5 只猫与 14 只兔的生存时间，结果如下。试判断猫、兔在缺氧条件下生存时间的差异是否具有统计学意义？

动物	生存时间/min
猫	25 34 44 46 46
兔	15 15 16 17 19 21 21 23 25 27 28 28 30 35

3. 12 份血清采用两法测血清谷-丙转氨酶（U/L）的含量结果如下，试分析两种方法间是否存在显著性差异？

编号	原法	新法	编号	原法	新法
1	60	80	7	190	205
2	142	152	8	25	38
3	195	243	9	212	243
4	80	82	10	38	44
5	242	240	11	236	200
6	220	220	12	95	100

4. 14 名新生儿出生体重按其母亲的吸烟习惯分组（A 组：每日吸烟多于 20 支；B 组：每日吸烟少于 20 支；C 组：过去吸烟而现已戒烟；D 组：从不吸烟），具体结果如下。试问 4 个吸烟组出生体重分布是否相同？

组别	出生体重/kg	组别	出生体重/kg
A	2.7 2.4 2.2 3.4	C	3.3 3.6 3.4 3.4
B	2.9 3.2 3.2	D	3.5 3.6 3.7

5. 三批甘蓝叶样本分别在甲、乙、丙、丁 4 种条件下测量核黄素浓度（μg/g），试验结果如下。问 4 种条件下的测量结果的差异是否具有统计学意义？

批次	测量条件			
	甲	乙	丙	丁
1	27.2	24.6	39.5	38.6
2	23.2	24.2	43.1	39.5
3	24.8	22.2	45.2	33.0

6. 对穿 4 种不同防护服时的脉搏情况（次/min）进行了测定，其结果如下，试分

析这4种防护服对脉搏是否差异显著?

编号	脉搏			
	防护服A	防护服B	防护服C	防护服D
1	144.4	143.0	133.4	142.8
2	116.2	119.2	118.0	110.8
3	105.8	114.8	113.2	115.8
4	98.0	120.0	104.0	132.8
5	103.8	110.6	109.8	100.6

第 8 章 一元回归与相关分析

内容提要

回归与相关主要用于研究两个或两个以上变量间的关系。一元回归与相关包括一元直线回归与相关和非直线回归与相关，其中一元直线回归方程常采用最小二乘法建立，变量 y 的平方和由回归平方和（U）和离回归平方和（Q）构成，因此可通过 F 检验或 t 检验确定回归关系是否显著；相关系数的显著性检验，同样可采用 t 检验法，它反映两个变量间的相关程度和性质。直线相关与回归间存在一定的联系，一般先进行相关分析，如果相关性显著，则进一步开展回归分析，建立回归方程，为生产实践的预测和控制提供科学依据。

常见的一元非线性回归与相关曲线类型有倒数函数、指数函数、对数函数、幂函数、生长曲线等，对于这类问题大多可以通过数学变换，引入新的变量将其转换为一元直线回归与相关问题进行处理。特别是在生命科学领域，生长曲线应用非常广泛，常见的类型有 Logistic 生长曲线、Gompertz 生长曲线、von Betalanffy 生长曲线、Mitscherlich 生长曲线、Richards 生长曲线等，每种生长曲线有其各自的特点，具体问题需要具体分析。当两个变量间的规律不清楚、无现成回归方程可以描述时，需要采用一元多项式回归进行拟合分析。

前几章研究的问题都只涉及一种变量 x。例如，不同品种的产量比较试验中，每个品种的平均数反映了产量的集中点，而标准差反映了产量的离散程度，方差分析及多重比较可以检验不同品种产量平均数间的差异是否显著。在实际中生产，产量 x 不仅与品种有关，还与肥料多少、播种密度、灌水量等因素有关，具体工作中往往要研究两个变量或两个以上变量的相互关系。

变量间的相互关系有两类，一类是变量间存在确定的函数关系，如圆面积 S 与半径 r 之间存在 $S=\pi r^2$，知道一个变量，就可以精确计算另一个变量。在研究工作中，还有一类是变量之间的另一种关系，如人的身高与体重的关系，我们知道身高越高，体重越重，但同样身高，对应的体重却不一定一样，存在不确定性，我们把变量间这种关系叫做相关关系。在统计上，我们可以用回归与相关的分析方法来探讨它们之间的变化规律。

8.1 回归的概念

对于两个相关变量，如马氏珠母贝的壳高为 x，总重为 y，每个壳高 x 都有一个总重 y 对应，将所有壳高与总重在 Excel 中作散点图，结果如图 8-1 所示。

从散点图可以看出：随着 x 增加，y 也增加，x 与 y 之间为曲线关系。这种相关关

图 8-1 壳高与总重间的散点图

系，我们可以用回归分析来研究。这里把 x 作为自变量（independent variable），y 为因变量或依变量（dependent variable）。对于自变量 x 的每一个取值 x_i，都有 y 的一个分布与之对应，我们就称 y 对 x 存在回归关系。研究一个自变量与一个因变量之间的回归分析称为一元回归分析，研究多个自变量与一个因变量之间的回归分析称为多元回归分析。回归分析的目的是建立回归方程，利用回归方程由自变量来预测和控制因变量。

8.2 一元直线回归与相关

8.2.1 一元直线回归方程的建立

研究回归关系时，对于每一个自变量 x 的取值 x_i，都有 y 的一个分布与之对应，而不是确定的一个 y_i 与之对应。当 $x=x_i$ 时，对应的 y 值有平均数 μ_y，我们可以用直线回归方程来描述 x 与 y 之间的关系：

$$y = a + bx \tag{8.1}$$

该方程就是 y 依 x 的直线回归方程，式中，x 是自变量；y 是与 x 值对应的 y 的平均数 μ_y 的点估计值；a 是 $x=0$ 时的 y 值，即直线在 y 轴上的回归截距（intercept）；b 是斜率（slope），也称为回归系数（regression coefficient），其含义是自变量 x 改变一个单位，因变量 y 平均增加或减少的单位数。

8.2.2 直线相关

如果变量 x 与 y 呈线性关系，但不需要有 x 来估计 y，只需要了解 x 与 y 的相关程度及相关性质，可以通过计算相关系数来研究。

两个变量之间关系可以通过散点图看出。图 8-2（a）中，随着 x 变化，y 无变化规律，称为不相关；图 8-2（b）中，随着 x 增加，y 也增加，称为正相关；图 8-2（c）中，随着 x 增加，y 减小，称为负相关。

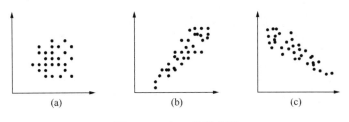

图 8-2　x 与 y 的散点图

我们可以从一组样本数据（x，y）中计算得到样本的相关系数，一般用 r 表示，$-1 \leqslant r \leqslant 1$。$x$ 与 y 相关越紧密，$|r|$ 越大；如果 x 与 y 不相关，则 $r=0$；如果 x 与 y 呈函数关系，则 $r=1$，称为完全相关或绝对相关。

在统计中，还有一个表示相关程度的统计数叫决定系数，它定义为相关系数 r 的平方，即 r^2。$0 \leqslant r^2 \leqslant 1$，它只能表示相关程度，而不能表示相关性质。

【**例 8-1**】　有人研究黏虫孵化历期平均温度（x，℃）与历经的天数（y，d）之间的关系，试验资料见表 8-1。试建立直线方程，并估计平均温度为 15℃时相应的平均历经天数 μ_y 及历经天数 y 的 95% 置信区间。

表 8-1　黏虫孵化历期平均温度与历期天数资料

x/℃	11.8	14.7	15.6	16.8	17.1	18.8	19.5	20.4
y/d	30.1	17.3	16.7	13.6	11.9	10.7	8.3	6.7

1) DPS 解题

（1）输入数据，选择数据，点击菜单"多元分析"→"回归分析"→"线性回归"（图 8-3）。

（2）弹出对话框，在"预测"前面"变量 x1"后面的"取值"中输入"15"，点击"预测"（图 8-4）。

（3）点击"置信区间图"，出现以下对话框，点击上面的"图"可以复制图片，点击"图"可以保存图片（图 8-5）。

（4）关闭"回归分析图"对话框，即可返回上级对话框，点击"返回编辑"，即可得到结果（图 8-6，图 8-7）。

x 与 y 的相关系数 $r=-0.9682$，$P=0.0001$，相关非常显著。

对 x 与 y 之间的回归关系经过 F 检验，得到方差分析表，结果表明，$F=89.8675$，$P=0.0001$，表明黏虫孵化历期平均温度 x 与历期天数 y 之间的直线回归是非常显著的。

图 8-3　分析菜单的选择

图 8-4　参数设置

图 8-5　回归分析图

图 8-6　分析结果

决定系数 $r^2=0.937\,414$。

用 t 检验的方法检验回归关系的显著性，系数标准误为 0.2671，$t=9.4798$，$P=$

0.0001<0.01，表明黏虫孵化历期平均温度 x 与历期天数 y 之间的直线回归是非常显著的，也表明黏虫孵化历期平均温度 x 与历期天数 y 之间的相关关系是非常显著的。

黏虫孵化历期天数（y，d）依历期平均温度（x，℃）的直线回归方程为：

$$y = 57.039\,30 - 2.5317x \tag{8.2}$$

图 8-7　y 的预测值

当平均温度为 15℃时，y 的拟合值为 19.064，对应的历期天数平均值 μ_y 的 95% 置信区间为（16.684，21.265），历期天数 y 的 95% 置信区间为（13.511，24.618）。

2）SPSS 解题

（1）定义数据，输入数据，点击菜单"分析（A）"→"回归（R）"→"线性（L）"，并在温度所在列最后一行输入 15，以便估计平均温度为 15℃时相应的平均历期天数 μ_y 及历期天数 y 的 95% 置信区间（图 8-8）。

图 8-8　分析菜单的选择

（2）弹出对话框，将"天数"选择到"因变量（D）"中，将"温度"选择到"自变量（I）"中（图 8-9）。

（3）点击"统计量（S）"，在回归系数下面勾选"估计（E）"、"置信区间"，右侧勾选"模型拟合度（M）"、"描述性"（图 8-10）。

（4）点击"继续"返回上级对话框，点击"保存（S）"，弹出对话框，在"预测区间"下面勾选"均值（M）"与"单值（I）"（图 8-11）。

（5）点击"继续"返回上级对话框，点击"确定"，得到结果（图 8-12）。

（6）在相关性表格中，温度 x 与天数 y 的相关系数 $r = -0.968$，$P = 0.000$，相关极显著（图 8-13）。

在"模型汇总"中，R^2（R 方）即决定系数，等于 0.937。

图 8-9　参数设置

图 8-10　统计量设定

图 8-11　保存选项设置

➡ **回归**

[数据集0]

描述性统计量

	均值	标准 偏差	N
天数	14.4125	7.34136	8
温度	16.8375	2.80761	8

相关性

		天数	温度
Pearson 相关性	天数	1.000	-.968
	温度	-.968	1.000
Sig.（单侧）	天数	.	.000
	温度	.000	.
N	天数	8	8
	温度	8	8

图 8-12　描述统计及相关性分析结果

方差分析表 Anova 中，$F=89.868$，$P=0.000$，表明黏虫孵化历期平均温度 x 与历期天数 y 之间的直线回归是非常显著的。

"系数"表格中，常数（截距）值为 57.039，标准误差为 4.551，t 检验结果中 $P=0.000$，常数值的 95% 置信区间为 (45.904, 68.175)。温度前的回归系数（斜率）为 -2.532，标准误差为 0.267，t 检验结果中 $P=0.000$，表明回归是非常显著的，回归系数的 95% 置信区间为 $(-3.185, -1.878)$。

模型汇总[b]

模型	R	R方	调整R方	标准 估计的误差
1	.968[a]	.937	.927	1.98376

a. 预测变量：(常量)，温度。
b. 因变量：天数

Anova[b]

模型		平方和	df	均方	F	Sig.
1	回归	353.657	1	353.657	89.868	.000[a]
	残差	23.612	6	3.935		
	总计	377.269	7			

a. 预测变量：(常量)，温度。
b. 因变量：天数

系数[a]

模型		非标准化系数		标准系数	t	Sig.	B的95.0%置信区间	
		B	标准 误差	试用版			下限	上限
1	(常量)	57.039	4.551		12.534	.000	45.904	68.175
	温度	-2.532	.267	-.968	-9.480	.000	-3.185	-1.878

a. 因变量：天数

图 8-13　模型及参数分析结果

在工作表中，当 $x=15$ 时，对应的 μ_y 及 y 的 95％置信区间已经计算出来（图 8-14）。

	15.00	16.96989	21.15895	13.77772	24.35113

图 8-14　μ_y 与 y 95％置信区间的估计

当平均温度为 15℃ 时，对应的历期天数平均值 μ_y 的 95％置信区间为（16.969 89，21.158 95），历期天数 y 的 95％置信区间为（13.777 72，24.351 13）。

8.3　一元曲线回归与相关

直线关系是两个变量之间最简单的关系，但实际工作中，经常会遇到曲线关系，如生物的体重 y 与身高 x、细菌的繁殖速度 y 与温度 x、作物产量 y 与施肥量 x 等。

曲线回归分为已知曲线类型与未知曲线类型两种情况。在很多情况下，我们对研究的对象有一定了解，需要研究的两个变量之间已有现成的曲线回归方程描述，如生物学研究中，单细胞生物生长初期常常是按指数函数增长，但后期生长受到抑制，就会转变成"S"形曲线；酶促反应动力学中的米氏方程是一种双曲线。曲线类型是已知的，回归效果会有保证。有时候，两个变量之间的规律尚不清楚，无现成的回归方程可以描述，这时候就可以利用多项式回归，通过逐渐增加多项式的高次项来拟合。

确定两个变量间的曲线类型，需要研究者有足够的专业知识与实践经验，并借助散点图和直线化的数据转换，选出符合条件的曲线。因此确定曲线类型是曲线回归分析的关键。

曲线与实测点之间匹配的好坏，可以用曲线决定系数 R^2 来衡量，R^2 越接近1，匹配越好。

对于同一组实测数据，根据散点图形状，可以用若干相似的曲线进行拟合，建立若干曲线回归方程，根据 R^2 大小和专业知识，选择既符合事物本身规律、拟合度又较高的曲线回归方程来描述两个变量之间的关系。

8.3.1 倒数函数曲线

倒数函数常见的表达式有以下几种：

$$y = \frac{a+bx}{x} \tag{8.3}$$

$$y = \frac{1}{a+bx} \tag{8.4}$$

$$y = \frac{x}{a+bx} \tag{8.5}$$

$y=\dfrac{a+bx}{x}$ 的图形如图8-15所示。

图8-15　倒数函数曲线图

【例8-2】　测定"苏品1号"玉米在不同密度下的平均株重（x，g/株）和经济系数（y）的关系，结果如表8-2，试进行回归分析。

表8-2　玉米株重（x）与经济系数（y）的关系

密度（千株/亩[①]）	1	2	3	4	5	6	8
x	399	329	247	191	145	119	90
y	0.380	0.379	0.371	0.343	0.317	0.301	0.248

1) DPS解题

（1）输入数据，选择数据，点击菜单"数学模型"→"一元非线性回归模型"（图8-16）。

---

① 1亩≈667m²，后同。

图 8-16 分析菜单的选择

（2）弹出对话框，在"回归方程"处输入"x2＝(c1＋c2＊x1)/x1"，然后点击右下方的"参数估计"，即可得到如下结果（图 8-17）。

图 8-17 曲线拟合结果

此时决定系数 R^2＝0.9877，P＝0.0000。

（3）如果在"回归方程"后面输入"x2＝1/(c1＋c2＊x1)"，然后点击右下方的"参数估计"，即可得到如下结果（图 8-18）。

图 8-18 曲线拟合结果

此时决定系数 $R^2=0.7153$，$P=0.0165$。

（4）如果在"回归方程"后面输入"x2＝x1/(c1＋c2 * x1)"，然后点击右下方的"参数估计"，即可得到如下结果（图 8-19）。

图 8-19 曲线拟合结果

此时决定系数 $R^2=0.9604$，$P=0.0001$。

用 $y=\dfrac{a+bx}{x}$、$y=\dfrac{1}{a+bx}$、$y=\dfrac{x}{a+bx}$ 三种倒数函数拟合，综合 R^2 值及 P 值，$y=\dfrac{a+bx}{x}$ 的匹配性最好。

（5）点击输出结果（图 8-20～图 8-22）。

方差来源	平方和	自由度	均方	F值	p值
回归	0.0142	1	0.0142	401.0355	0.0000
剩余	0.0002	5	0.0000		
总的	0.0144	6	0.0024		
R=0.9938		RR=0.9877			

方差分析表（线性回归模型适用）

图 8-20 方差分析结果

	方程系数	标准误Se	tuSe	t值	p值	95%置信区间	
c1	-15.6425	0.7811	2.0079	20.0259	0.0000	-17.6504	-13.6346
c2	0.4263	0.0051	0.0132	83.2336	0.0000	0.4131	0.4395

图 8-21 参数分析结果

方差分析表明，用函数 $y=\dfrac{a+bx}{x}$ 拟合，经 F 检验，$P=0.000$，回归达非常显著的水平。

回归方程
X2=(-15.6425+0.426302*X1)/X1

图 8-22 回归方程

决定系数 $R^2=0.9877$，表明曲线与实测点之间匹配非常好。

结果中给出了参数的拟合值与标准误，并进行了 t 检验，给出参数 95% 的置信区间。

最后给出了回归方程：

$$y = \frac{-15.6425 + 0.426\,302x}{x} \tag{8.6}$$

2) SPSS 解题

(1) 定义变量，输入数据，点击菜单"分析（A）"→"回归（R）"→"曲线估计（C）"（图 8-23）。

图 8-23 分析菜单的选择

(2) 弹出对话框，将 y 选择到"因变量（D）"中，将 x 选择到"自变量"中。在"模型"下面勾选除"Logistic"外的所有模型，勾选"显示 ANOVA 表格（Y）"（图 8-24）。

图 8-24 参数设置

(3) 点击"确定"，即可得到结果（图 8-25）。

线性

模型汇总

R	R方	调整 R方	估计值的标准误
.885	.784	.741	.025

自变量为 x。

ANOVA

	平方和	df	均方	F	Sig.
回归	.011	1	.011	18.142	.008
残差	.003	5	.001		
总计	.014	6			

自变量为 x。

系数

	未标准化系数		标准化系数		
	B	标准误	Beta	t	Sig.
x	.000	.000	.885	4.259	.008
（常数）	.252	.022		11.697	.000

图 8-25 分析结果

对于每个模型，SPSS 结果中依次给出了模型汇总、ANOVA、系数三个表格，如第一个线性模型，模型汇总中给出了决定系数 $R^2=0.784$，ANOVA 分析表中给出了 F 检验后 $P=0.008$，系数给出了参数 b_0 与 b_1 的估计值及标准误、t 检验（表 8-3）。

表 8-3 10 种模型拟合结果

序号	模型名称	方程形式	R^2	ANOVA 检验 P 值
1	Linear，线性函数	$y=b_0+b_1x$	0.784	0.008
2	Logarithmic，对数函数	$y=b_0+b_1\ln x$	0.919	0.001
3	Inverse，倒数函数	$y=b_0+(b_1/x)$	0.988	0.000
4	Quadratic，二次多项式	$y=b_0+b_1x+b_2x^2$	0.972	0.001
5	Cubic，三次多项式	$y=b_0+b_1x+b_2x^2+b_3x^3$	0.988	0.002
6	Compound，复合模型	$y=b_0b_1^x$	0.740	0.013
7	Power，幂函数	$y=b_0(x^{b_1})$	0.887	0.002
8	S，S 曲线	$y=e^{(b_0+b_1/x)}$	0.978	0.000
9	Growth，生长曲线	$y=e^{(b_0+b_1x)}$	0.740	0.013
10	Exponential，指数函数	$y=b_0e^{b_1x}$	0.740	0.013

根据 R^2 最大与 P 最小原则进行筛选，以倒数函数最合适（图 8-26）。

将参数拟合值代入，即可得到回归方程：$y=0.426-15.642/x$。

倒数

模型汇总

R	R方	调整R方	估计值的标准误
.994	.988	.985	.006

自变量为x。

ANOVA

	平方和	df	均方	F	Sig.
回归	.014	1	.014	401.035	.000
残差	.000	5	.000		
总计	.014	6			

自变量为x。

系数

	未标准化系数		标准化系数		
	B	标准误	Beta	t	Sig.
1/x	-15.642	.781	-.994	-20.026	.000
(常数)	.426	.005		83.234	.000

图 8-26　倒数函数分析结果

8.3.2　指数函数曲线

常见的有两种形式，x 都是以指数形式出现。

第一种是 $y=ae^{bx}$，系数 b 是描述增长或衰减的速度。$b>0$ 时，表示增长曲线；$b<0$ 时，表示衰减曲线。如图 8-27 所示。

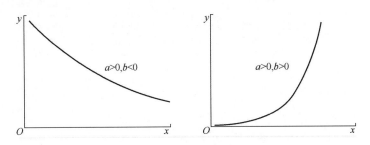

图 8-27　指数函数曲线

第二种是 $y=ab^x$，当系数 $b>1$ 时，表示凹增长曲线；当 $0<b<1$ 时，表示凸增长曲线；当 $b<0$，表示衰减曲线。

【例 8-3】棉花红铃虫的产卵数与温度的关系如表 8-4 所示，试建立棉花红铃虫产卵数与温度的回归方程。

表 8-4 棉花红铃虫产卵数与温度的关系

x,温度/℃	21	23	25	27	29	32	35
y,产卵数	7	11	21	24	66	115	325

1) DPS 解题

(1) 输入数据,选择数据,点击菜单"数学模型"→"一元非线性回归模型"(图 8-28)。

图 8-28 分析菜单的选择

(2) 弹出对话框,在曲线类型选择"指数函数曲线",然后点击右下方的"参数估计",即可得到如下结果(图 8-29)。

图 8-29 指数函数曲线拟合结果

(3) 再在曲线类型选择"修正指数函数曲线",然后点击右下方的"参数估计",即可得到如下结果(图 8-30)。

(4) 两次拟合结果可以看出,用指数函数拟合,$R^2=0.9940$,$P=0.000$;用修正指数函数拟合,$R^2=0.9952$,$P=0.000$。修正指数函数拟合结果略好于指数函数。点击"输出结果"(图 8-31)。

方差分析表明,用函数 $y=a+bc^x$ 拟合,经 F 检验,$P=0.000$,回归达到非常显

图 8-30 修正指数函数曲线拟合结果

图 8-31 模型方程分析表

著的水平。

决定系数 $R^2=0.9952$,表明曲线与实测点之间匹配非常好。

图 8-32 拟合结果中给出了参数的拟合值与标准误,并进行了 t 检验,给出参数 95%的置信区间。

图 8-32 指数函数曲线拟合结果

最后给出了回归方程:$y=7.2696+0.002\,779\times1.3946^x$

2) SPSS 解题

(1) 定义变量，输入数据，点击菜单"分析（A）"→"回归（R）"→"曲线估计（C）"（图 8-33）。

图 8-33　分析菜单的选择

(2) 弹出对话框，将 y 选择到"因变量（D）"中，将 x 选择到"自变量"中。在"模型"下面勾选"复合（U）"、"指数分布（E）"，勾选"显示 ANOVA 表格（Y）"（图 8-34）。

(3) 点击"确定"，即可得到结果（图 8-35，图 8-36）。

复合

模型汇总

R	R方	调整 R方	估计值的标准误
.993	.985	.982	.181

自变量为 x。

ANOVA

	平方和	df	均方	F	Sig.
回归	10.931	1	10.931	333.866	.000
残差	.164	5	.033		
总计	11.094	6			

自变量为 x。

系数

	未标准化系数		标准化系数		
	B	标准误	Beta	t	Sig.
x	1.313	.020	2.698	67.170	.000
（常数）	.021	.009		2.415	.060

因变量为 ln(y)。

图 8-34　参数设置　　　　　　图 8-35　复合函数分析结果

根据 R^2 最大与 P 最小原则进行筛选，两种函数均合适。两种函数拟合得到回归方

指数

图 8-36 指数函数分析结果

程如下：$y=0.021\times 1.313^x$，$y=0.021\mathrm{e}^{0.272x}$。

8.3.3 对数函数曲线

对数函数常见的形式为：
$$y = a + b\lg x \tag{8.7}$$

【**例 8-4**】水稻育秧中，塑料薄膜青苗床内空气最高温与室外空气最高温资料见表 8-5。试根据表 8-5 中数据建立两个温度之间的回归方程。

表 8-5　育苗床内最高温度（y）与室外空气最高温资料（x）　　（单位：℃）

序号	x	y	序号	x	y
1	7.2	13.8	11	22.9	44.6
2	7.9	21.4	12	23.1	36.6
3	11.8	24.9	13	23.3	35.1
4	12	32.3	14	23.6	44.4
5	16.9	33.6	15	23.8	44.1
6	18.7	39.5	16	27	43.9
7	18.9	40.1	17	27.6	48.3
8	20.2	36.9	18	28.6	48.5
9	21.8	40.2	19	30.7	46.3
10	22.7	42.6	20	31.4	50.4

1) DPS 解题

（1）输入数据，选择数据，点击菜单"数学模型"→"一元非线性回归模型"（图 8-37）。

图 8-37 分析菜单的选择

（2）弹出对话框，在"回归方程"处输入"x2＝c1＋c2 * lg（x1）"，在"参数初值"后面输入"1 1"，注意中间空一格，然后点击右下方的"参数估计"，即可得到如下结果（图 8-38）。

图 8-38 参数设置

（3）从拟合结果可以看出，$R^2=0.8998$，$P=0.000$。点击"输出结果"（图 8-39，图 8-40）。

方差来源	平方和	自由度	均方	F值	p值
回归	1549.1204	1	1549.1204	161.6500	0.0000
剩余	172.4971	18	9.5832		
总的	1721.6175	19	90.6114		
R=0.9486		RR=0.8998			

图 8-39 方差分析表

方差分析表明，用函数 $y=a+b\lg x$ 拟合，经 F 检验，$P=0.000$，回归达非常显著的水平。

	方程系数	标准误Se	tαSe	t值	p值	95%置信区间	
c1	-25.8227	5.0965	10.7074	5.0667	0.0001	-36.5301	-15.1153
c2	49.6981	3.9089	8.2122	12.7142	0.0000	41.4859	57.9104

图 8-40　系数分析结果

决定系数 $R^2=0.8988$，表明曲线与实测点之间匹配较好。

结果中给出了参数的拟合值与标准误，并进行了 t 检验，给出参数 95% 的置信区间。

最后给出了回归方程（图 8-41）：$y=-25.8227+49.6981\times\lg x$。

回归方程					
X2=-25.8227+49.6981*LG(X1)					

图 8-41　回归方程

2）SPSS 解题

（1）定义变量，输入数据，点击菜单"分析（A）"→"回归（R）"→"曲线估计（C）"（图 8-42）。

图 8-42　分析菜单的选择

（2）弹出对话框，将 y 选择到"因变量（D）"中，将 x 选择到"自变量"中。在"模型"下面勾选"对数（T）"，勾选"显示 ANOVA 表格"（图 8-43）。

（3）点击"确定"，即可得到结果（图 8-44）。

$R^2=0.900$，$P=0.000$，回归分析非常显著。得到回归方程如下：

$$y=-25.823+21.584\times\ln(x)$$

图 8-43　参数设置

对数

模型汇总

R	R方	调整 R 方	估计值的标准误
.949	.900	.894	3.096

自变量为 x。

ANOVA

	平方和	df	均方	F	Sig.
回归	1549.120	1	1549.120	161.650	.000
残差	172.497	18	9.583		
总计	1721.617	19			

自变量为 x。

系数

	未标准化系数		标准化系数		
	B	标准误	Beta	t	Sig.
ln(x)	21.584	1.698	.949	12.714	.000
（常数）	-25.823	5.097		-5.067	.000

图 8-44 对数函数曲线拟合结果

8.3.4 幂函数曲线

幂函数曲线的方程为 $y=ax^b$，其图形如图 8-45 所示。

图 8-45 幂函数曲线图

【**例 8-5**】 研究马氏珠母贝壳高（cm）与总重（g）的关系，测量结果如表 8-6 所示。试对壳高（cm）与总重（g）进行回归分析。

表 8-6　壳高与总重关系

生长时间/d	壳高 (x)/cm	总重 (y)/g	生长时间/d	壳高 (x)/cm	总重 (y)/g
45	0.55	0.02	408	5.49	17.92
77	1.04	0.20	443	5.74	22.44
105	1.08	0.36	468	6.09	28.04
146	2.29	2.10	501	6.17	31.96
169	2.76	3.38	528	6.46	36.30
197	3.25	6.39	569	6.70	38.60
227	3.58	5.37	591	6.90	43.14
258	3.92	8.11	631	6.94	46.66
309	4.46	10.95	665	7.14	47.95
319	4.68	12.75	693	7.08	48.33
351	5.08	14.74	722	7.25	49.14
375	5.16	16.63			

1）DPS 解题

（1）输入数据，选择数据，点击菜单"数学模型"→"一元非线性回归模型"（图 8-46）。

图 8-46　分析菜单的选择

（2）弹出对话框，在"曲线类型"中选择"幂函数曲线"，然后点击右下方的"参数估计"（图 8-47）。

图 8-47　参数设置

(3) 从拟合结果可以看出，$R^2=0.9943$，$P=0.000$，回归非常显著。点击"输出结果"（图 8-48，图 8-49）。

方差分析表(线性回归模型适用)					
方差来源	平方和	自由度	均方	F值	p值
回归	6914.5662	1	6914.5662	3676.1511	0.0000
剩余	39.4994	21	1.8809		
总的	6954.0656	22	316.0939		
R=0.9972		RR=0.9943			

图 8-48　方程分析表

	方程系数	标准误Se	taSe	t值	p值	95%置信区间	
c1	0.0837	0.0155	0.0323	5.3894	0.0000	0.0514	0.1160
c2	3.2357	0.0976	0.2030	33.1421	0.0000	3.0327	3.4387

图 8-49　系数分析结果

方差分析表明，用函数拟合，经 F 检验，$P=0.000$，回归达非常显著的水平。决定系数 $R^2=0.9943$，表明曲线与实测点之间匹配较好。

结果中给出了参数的拟合值与标准误，并进行了 t 检验，给出参数 95% 的置信区间。最后给出了回归方程（图 8-50）：$y=0.083\,698x^{3.2357}$

回归方程				
X2=0.083698*X1^3.2357				

图 8-50　回归方程

2) SPSS 解题

(1) 定义变量，输入数据，点击菜单"分析（A）"→"回归（R）"→"曲线估计（C）"（图 8-51）。

图 8-51　分析菜单的选择

（2）弹出对话框，将 y 选择到"因变量（D）"中，将 x 选择到"自变量"中。在"模型"下面勾选"幂（W）"，勾选"显示 ANOVA 表格（Y）"（图 8-52）。

（3）点击"确定"，即可得到结果（图 8-53）。

$R^2=0.992$，$P=0.000$，回归分析非常显著。得到回归方程如下：

$$y = 0.172x^{2.844}$$

图 8-52 参数设置

幂

模型汇总

R	R 方	调整 R 方	估计值的标准误
.996	.992	.991	.187

自变量为 x。

ANOVA

	平方和	df	均方	F	Sig.
回归	87.628	1	87.628	2497.226	.000
残差	.737	21	.035		
总计	88.365	22			

自变量为 x。

系数

	未标准化系数		标准化系数	t	Sig.
	B	标准误	Beta		
ln(x)	2.844	.057	.996	49.972	.000
（常数）	.172	.015		11.297	.000

因变量为 ln(y)。

图 8-53 幂函数曲线分析结果

8.3.5 生长曲线

1. Logistic 生长曲线

Logistic 生长曲线广泛应用于动植物的饲养、栽培、资源、生态、环保等方面的模型研究，其特点是开始增长缓慢，后来在某一范围内迅速增长，达到某限度后，增长缓慢下来，曲线略呈拉长的"S"形，因此也称为 S 形曲线，其方程为：

$$y = \frac{A}{1+ae^{-kx}} \tag{8.8}$$

其曲线图形如图 8-54 所示。

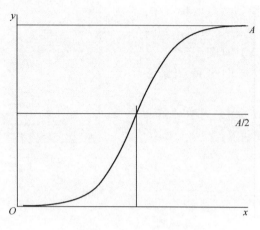

图 8-54　Logistic 生长曲线

Logistic 生长曲线的基本特征是：

(1) 当 $x=0$ 时，$y=A/(1+a)$；当 $x\to\infty$ 时，$y=A$。因此在起始时间 0 时，生长的起始量为 $A/(1+a)$；生长时间无限大时，生长终极量是 A。

(2) y 随着 x 增加而增加，当 $x=\dfrac{-\ln\left(\dfrac{1}{a}\right)}{k}$ 时，曲线有一个拐点，这时生长量 $y=A/2$，恰好为终极生长量的一半。在拐点之前，曲线下凹，在拐点之后，曲线上凸。

2. Gompertz 生长曲线

生长方程为 $y=Ae^{-ae^{-kx}}$，式中，y 为生长量；x 为生长时间；A 为极限生长量；k 为 r 接近生长极限值时的生长速度；a 为参数，可间接反映早期生长速度。当 $x=(\ln a)/k$ 时有生长拐点 A/e。

3. von Bertalanffy 生长曲线

生长方程为 $y=A(1-ae^{-kx})^3$，式中，y 为生长量；x 为生长时间；A 为极限生长量；k 为生长速率。当 $x=(\ln 3a)/k$ 时有生长拐点 $8A/27$。

4. Mitscherlich 生长曲线

生长方程为 $y=A(1-ae^{-kx})$，式中，y 为生长量；x 为生长时间；A 为极限生长量；k 为生长速率，$k>0$。方程没有拐点。

5. Richards 生长曲线

生长方程为 $y=A(1-ae^{-kt})^{\frac{1}{1-m}}$，式中，$A$ 为极限生长量；a 是生长初始参数，决定着生长初始值的大小；k 是生长速率；m 是异速生长参数，决定着曲线的形状。当 m 增大，拐点位置向右上方偏移，S 曲线的下半臂拉长，上半臂缩短，因此 m 较小时适合描述快速的生长，m 大则适合描述生长缓慢的生长过程。

当 $m=2$ 时，Richards 方程称为 Logistic 方程 $y=A/(1+ae^{-kx})$。

当 $m\to 1$ 时，Richards 方程称为 Gompertz 方程 $y=Ae^{-ae^{-kx}}$。

当 $m=2/3$ 时，Richards 方程称为 Bertalanffy 方程 $y=A(1-ae^{-kx})^3$。

当 $m=0$ 时，Richards 方程称为 Mitscherlich 方程 $y=A(1-ae^{-kx})$。

Richards 生长曲线拐点存在的必要条件为：$a/(1-m)>0$。拐点的 y 坐标为 $Am^{\frac{1}{1-m}}$。Richards 生长模型中 4 个参数对于建立生长模型非常重要。A 是在一个时间序列内的生物学上限，是总生长量的饱和值，建立模型时所取样点的时间序列必须足够长，若是后期取样点不足，则容易导致 A 过大而无法做合理的生物学解释；m 是生物的内在生长率，$m \geqslant 0$，取样时间间隔不宜过大，间隔过大会难以控制曲线形状，导致模型失真。

【**例 8-6**】 研究马氏珠母贝壳高与总重的关系，定期测量结果列于表 8-7。试对生长时间（d）与壳高（cm）、生长时间（d）与总重（g）进行回归分析。

表 8-7 壳高与总重关系

生长时间 (x)/d	壳高 (y)/cm	总重 (y)/g	生长时间 (x)/d	壳高 (y)/cm	总重 (y)/g
45	0.55	0.02	375	5.16	16.63
77	1.04	0.20	408	5.19	17.10
105	1.08	0.36	443	5.24	22.44
146	2.29	2.10	468	6.09	28.04
169	2.76	3.38	501	5.77	31.96
197	3.50	6.39	528	6.46	36.30
227	3.58	5.37	569	6.70	38.60
258	3.92	8.11	591	6.90	43.14
309	4.46	10.95	631	6.94	46.66
319	4.68	12.75	665	7.44	51.97
351	5.08	14.74	693	7.08	44.31

可用 DPS 解题，具体方法如下。

先对生长时间（d）与壳高（cm）进行拟合。

(1) 输入数据，选择数据，点击菜单"数学模型"→"一元非线性回归模型"

(图 8-55)。

图 8-55　分析菜单的选择

（2）弹出对话框，在"回归方程"后面输入"x2＝c1/[1＋c2*exp(−c3*x1)]"，然后点击右下方的"参数估计"（图 8-56）。

图 8-56　参数设置

（3）从拟合结果可以看出，$R^2=0.9848$，$P=0.0000$，回归非常显著。点击"输出结果"（图 8-57，图 8-58）。

方差分析表(线性回归模型适用)				
方差来源	平方和	自由度	均方	F值	p值
回归	96.9203	2	48.4601	645.9182	0.0000
剩余	1.5005	20	0.0750		
总的	98.4208	22	4.4737		
R=0.9923		RR=0.9848			

图 8-57　方程分析表

方差分析表明，用 Logistic 方程拟合，经 F 检验，$P=0.0000$，回归达非常显著的水平。决定系数 $R^2=0.9848$，表明曲线与实测点之间匹配较好。结果中给出了参数的拟合值与标准误，并进行了 t 检验，给出参数 95% 的置信区间。最后给出了回归方程（图 8-59）。

同样方法，再对观测值用 Gompertz 方程、Bertalanffy 方程、Mitscherlich 方程、

	方程系数	标准误Se	t×Se	t值	p值	95%置信区间	
c1	7.1563	0.1547	0.3227	46.2655	0.0000	6.8337	7.4790
c2	8.2355	1.0769	2.2464	7.6474	0.0000	5.9891	10.4818
c3	0.0085	0.0006	0.0013	14.0560	0.0000	0.0072	0.0098

图 8-58　系数分析结果

回归方程				
X2=7.1563/(1+8.2355*EXP(-0.008511*X1))				

图 8-59　回归方程

Richards 方程拟合，结果如表 8-8 所示。

表 8-8　各方程分析结果

名称	方程	R^2	P
Logistic 方程	$y=7.1563/(1+8.2355e^{-0.008\,511x})$	0.9848	0.000
Gompertz 方程	$y=7.4772e^{-2.9021e^{-0.005\,722x}}$	0.9929	0.000
Bertalanffy 方程	$y=7.6893(1-0.693\,217e^{0.004\,759x})^3$	0.9950	0.000
Mitscherlich 方程	$y=8.7245(1-1.0853e^{-0.002\,654x})$	0.9959	0.000
Richards 方程	$y=8.2055(1-1.0450*e^{-0.003\,407t})^{\frac{1}{10.774\,146}}$	0.9964	0.000

可以看出，Logistic 方程、Gompertz 方程、Bertalanffy 方程、Mitscherlich 方程、Richards 方程对观测值的拟合都非常好。

同样方法，再对生长时间（d）与总重（g）拟合，结果 Gompertz 方程与 Mitscherlich 方程无法拟合，其他方程拟合结果如表 8-9 所示。

表 8-9　其他方程拟合结果

名称	方程	R^2	P
Logistic 方程	$y=55.0857/(1+73.7995e^{-0.009\,221x})$	0.9953	0.000
Bertalanffy 方程	$y=91.4387(1-1.1033e^{-0.002\,587x})^3$	0.9905	0.000
Richards 方程	$y=52.2907(1+503.5774e^{-0.012\,087x})^{\frac{1}{-1.5826}}$	0.9955	0.000

从拟合结果看，Logistic 方程与 Richards 方程拟合较好。

8.4　一元多项式回归曲线

当两个变量之间的规律尚不清楚，无现成的回归方程可以描述时，可以利用一元多项式回归，通过逐渐增加多项式的高次项来拟合。

【例 8-7】　为研究温度对黑木耳菌丝生长的影响，在 7 种温度条件下培养黑木耳，其菌丝平均生长情况如表 8-10 所示，试建立黑木耳菌丝长度（y，cm）与温度（x，℃）之间的多项式回归方程（李春喜等，2008）。

表 8-10 黑木耳菌丝生长与温度的关系

温度 (x)/℃	10	15	20	25	30	35	40
菌丝长度 (y)/cm	1.33	1.60	3.64	5.48	6.16	4.25	0.64

可用 DPS 解题，具体方法如下。

（1）输入数据，选择数据，点击菜单"数学模型"→"一元非线性回归模型"（图 8-60）。

（2）弹出对话框，在"曲线类型"中选择"多项式拟合"，"默认阶次"为 3，"拟合方法"为"麦夸特法"（图 8-61）。

（3）点击"参数估计"，即可得到拟合曲线、回归方程、决定系数、F 检验值及 P 值（图 8-64）。

图 8-60 分析菜单的选择

图 8-61 选项设置

当阶次为 4 时，决定系数 R^2 最大（为 0.9986），P 值最小（为 0.0029），点击"输出结果"。

方差分析表与决定系数如图 8-63 所示。

方差分析表明，用一元四次多项式拟合，经 F 检验，$P=0.0029$，回归达非常显著

图 8-62　多项式回归曲线拟合分析结果

方差分析表(线性回归模型适用)				
方差来源	平方和	自由度	均方	F值	p值
回归	27.7564	4	6.9391	345.4704	0.0029
剩余	0.0402	2	0.0201		
总的	27.7966	6	4.6328		
R=0.9993		RR=0.9986			

图 8-63　方差分析表与决定系数

的水平。

决定系数 $R^2=0.9986$，表明黑木耳生长总变异的 99.86% 可由温度的四次多项式说明，曲线与实测点之间匹配非常好。

参数的拟合值与检验如图 8-64 所示。

	方程系数	标准误Se	tαSe	t值	p值	95%置信区间	
c1	18.0157	2.7999	12.0469	6.4345	0.0233	5.9688	30.0626
c2	-3.5253	0.5553	2.3892	6.3485	0.0239	-5.9145	-1.1361
c3	0.2405	0.0379	0.1629	6.3499	0.0239	0.0775	0.4034
c4	-0.0059	0.0011	0.0046	5.5511	0.0310	-0.0105	-0.0013
c5	0.0000	0.0000	0.0000	4.3441	0.0491	0.0000	0.0001

图 8-64　参数的拟合值与检验

图 8-64 给出了参数的拟合值与标准误，并进行了 t 检验，给出参数 95% 的置信区间。

回归方程与拟合曲线如图 8-65 所示。

回归方程为：$y=18.0157-3.5253x+0.240\,476x^2-0.005\,933x^3+0.000\,046x^4$

图 8-65　回归方程与拟合曲线

复习思考题

1. 什么叫回归分析？什么叫相关分析？相关分析与回归分析有何区别与联系？相关系数与决定系数各有什么意义？

2. 一些夏季害虫盛发期的早迟和春季温度高低有关。江苏某地连续 9 年测定 3 月下旬至 4 月中旬旬平均温度累积值（x，旬·度）和水稻一代三化螟盛发期（y，以 5 月 10 日为 0）的关系，结果如下，试计算其直线回归方程。

x 累积温	35.5	34.1	31.7	40.3	36.8	40.2	31.7	39.2	44.2
y 盛发期	12	16	9	2	7	3	13	9	−1

3. 某医生为了研究缺碘地区母婴促甲状腺激素（TSH）水平的关系，应用免疫放射分析孕妇（孕周 15～17 周）及分娩时脐带血 TSH 水平（mU/L），现随机抽取 10 对，试分析脐带血 TSH 水平 y 对母血 TSH 水平 x 的直线回归方程。

编号	1	2	3	4	5	6	7	8	9	10
母血 TSH 水平（x）	1.21	1.3	1.39	1.42	1.47	1.56	1.68	1.72	1.98	2.1
脐带血 TSH 水平（y）	3.9	4.5	4.2	4.83	4.16	4.93	4.32	4.99	4.7	5.2

4. 某地方病研究所调查了 8 名正常儿童的尿肌酐含量（mmol/24h），结果如下。

编号	1	2	3	4	5	6	7	8
年龄（x）	13	11	9	6	8	10	12	7
尿肌酐含量（y）	3.54	3.01	3.09	2.48	2.56	3.36	3.18	2.65

（1）试用回归方程描述建立尿肌酐含量与年龄之间的关系。

(2) 对尿肌酐含量与年龄之间的回归方程进行显著性检验。
(3) 试估计当年龄为 8 岁时,尿肌酐含量平均值 95% 的置信区间。
(4) 当年龄为 8 岁时,单个 y 的 95% 的置信区间。

5. 测定某消毒药物的使用量 $x(\mathrm{g}/100\mathrm{m}^2)$ 和消毒效果 y（以所饲养的实验鸡的健康率表示）,两者数据如下,试分析这两个变量的相关关系。

消毒药物的使用量（x）	30	35	40	45	50	55	60
消毒效果（y）	73	78	87	88	93	94	96

6. 食品感官评定时,测得食品甜度与蔗糖浓度的关系如下,试建立 y 与 x 的直线回归方程,并对其回归系数的显著性进行检验。

蔗糖质量分数/%	1.0	3.0	4.0	5.5	7.0	8.0	9.5
甜度	15	18	19	21	22.6	23.8	26

7. 有 10 个同类企业的生产性固定资产年平均价值和工业总产值资料如下。

企业编号	1	2	3	4	5	6	7	8	9	10	合计
固定资产年平均价值/万元	318	910	200	409	415	502	314	1210	1022	1225	6525
工业总产值/万元	524	1019	638	815	913	928	605	1516	1219	1624	9801

(1) 对两个变量进行相关分析。
(2) 建立直线回归方程。
(3) 估计生产性固定资产年平均价值（自变量）为 1100 万元时工业总产值（因变量）的可能值。

8. 检查 5 位同学统计学的学习时间与成绩分数如下。

每周学习时间/h	4	6	7	10	13
学习成绩	40	60	50	70	90

要求:
(1) 计算学习时间与学习成绩之间的相关系数。
(2) 建立直线回归方程。

第 9 章 多元统计分析

内容提要

在生命科学研究领域面临的许多实际问题中，因变量往往受多个自变量的影响，因此，应当研究一个因变量和多个自变量的关系，即多元回归与相关分析，其中最简单的就是多元线性回归与相关分析。多元线性回归是分析一个因变量与多个自变量之间的回归，而多元线性相关则指一个因变量与多个自变量间的密切程度。基本分析思路与一元线性回归与相关类似：利用 F 检验对多元线性回归或相关系数进行显著性检验；不同之处在于多元线性回归分析中还需采用 F 检验或 t 检验对偏回归系数进行显著性检验，对偏相关系数的显著性检验则可采用 t 检验。当自变量数目较多，且自变量间相互关系比较复杂时，可采用通径分析方法，该方法已经在实际工作中得到了广泛应用。

前面介绍的一元回归与相关，无论是直线还是曲线，都只涉及一个自变量 x 与一个因变量 y，但在许多实际问题中，影响因变量 y 的因素不止一个（x），而是有两个或两个以上。例如，影响昆虫种群大小（y）的生态因素（x）可能有温度、湿度、降雨量等；绵羊的产毛量（y）这一变量同时受绵羊体重、胸围、体长等多个变量（x）的影响；血压值（y）与年龄、性别、劳动强度、饮食习惯、吸烟状况、家族史等因素（x）有关；人均国民生产总值（y）的影响因素（x）有人口变动因素、固定资产数、货币供给量、物价指数、国内国际市场供求关系；影响酶活力（y）的因素（x）除了温度、pH 外，还与 Ca^{2+}、Mg^{2+} 等因素有关。因此，需要进行一个因变量与多个自变量间的回归分析，即多元回归分析（multiple regression analysis），其中最为简单、常用且具有基础性质的是多元线性回归分析（multiple linear regression analysis）。多元回归分析的目的就是建立多个自变量与因变量之间的回归方程，揭示因变量与自变量之间的具体关系，通过已知的多个自变量来解释或预测因变量。多元线性回归分析可以借助计算机应用软件进行分析。

9.1 多元方差分析

在实际中，常常遇到两个以上的因变量共同反应自变量的影响程度，如研究某些因素对儿童生长的影响程度，可以测量身高（y_1）、体重（y_2），就有两个因变量。多元方差分析可以用 DPS 的一般线性模型来解决。

【例 9-1】 为分析 N、P 和 K 三种肥料对苗木生长的施肥效果，研究的指标有 3 个：y_1 为苗木当年高度，y_2 为苗木次年高度，y_3 为两年直径生长量。施氮量分成少、中、多 3 个等级，施磷与施钾量分为多、少两个等级（表 9-1），可以用 DPS 来分析。

表 9-1　N、P 和 K 三种肥料对苗木生长的施肥效果

施氮量	施磷量	施钾量	当年高 y_1	次生高 y_2	两年径 y_3
少	少	少	1.60	1.71	3.20
少	少	多	2.20	1.80	3.90
少	多	少	2.11	1.74	4.10
中	少	少	2.15	2.30	5.10
中	少	多	2.26	2.12	4.70
中	少	少	2.08	2.20	4.80
中	多	多	2.06	2.24	4.50
中	多	少	2.12	2.03	4.30
多	少	多	2.20	2.46	4.80
多	少	少	2.03	2.22	4.30
多	多	多	2.12	2.19	4.70
多	多	少	2.35	2.37	5.10

（1）输入数据，选择数据，点击菜单"多元分析"→"一般线性模型（多元方差分析）"（图 9-1）。

图 9-1　菜单选择

（2）弹出对话框，"协变量（定量因子）个数"取"0"，"因变量个数"取"3"，然后在可供分析的变异来源下面，选择 A、B、C 加入到中间，"多重比较方法"选择"LSD"法，其余设置为默认（图 9-2）。

（3）点击"确定"，即可得到结果。

施氮量的多元方差分析。如图 9-3 所示。

首先是 Wilk's 统计量 Λ 与 F 统计量及其显著水平检验，P 值为 0.0336 小于 0.05，表明施氮量对三个因变量有显著影响。

图 9-2　参数设置

项目（施氮量）的多元方差分析				
多元统计检验				
Wilk's Λ	F值	df1	df2	p值
0.0966	3.6946	6	10	0.0336

Roy's T-Square，下三角为统计量，上三角为p值			
F(3,5)	施氮量1	施氮量2	施氮量3
施氮量1		0.0319	0.0120
施氮量2	6.8578		0.3260
施氮量3	11.0672	1.4830	

图 9-3　施氮量的多元方差分析结果

Roy's T-Square 结果为处理间两两差异检验，显著性看 P 值。施氮量 1 与施氮量 2 之间 P 值为 0.0319 小于 0.05，表明施氮量 1 与施氮量 2 导致的生长差异是显著的；施氮量 1 与施氮量 3 导致的生长差异也是显著的（$P=0.0120<0.05$）；施氮量 2 与施氮量 3 导致的生长差异不显著（$P=0.3260>0.05$）。

接下来分析对各个因变量的影响。

施氮量对当年高 y_1 的影响如图 9-4 所示。

单变量分析					
变量	平方和	自由度	均方	F值	p值	备注
当年高y1	0.0611	2	0.0306	0.8376	0.4719	施氮量

LSD法多重比较（下三角为均值差及统计量，上三角为p值）				
LSD05=0.3299	LSD01=0.4882			
No.	均值	3	2	1
3	2.1750		0.8602	0.2592
2	2.1495	0.0255		0.2695
1	1.9959	0.1791	0.1537	

字母标记表示结果			
处理	均值	5%显著水	1%极显著水平
3	2.1750	a	A
2	2.1495	a	A
1	1.9959	a	A

图 9-4　施氮量对当年高 y_1 的影响

从单变量方差分析及多重比较结果看，施氮量对当年高 y_1 的影响不显著（$P=0.4719>0.05$）。

施氮量对次年高 y_2 的影响如图 9-5 所示。

次年高y2	0.5632	2	0.2816	22.7289	0.0009	施氮量
LSD法多重比较(下三角为均值差及统计量,上三角为p值)						
LSD05=0.1922	LSD01=0.2845					
No.	均值	3	2	1		
3	2.3100		0.1416	0.0003		
2	2.1754	0.1346		0.0007		
1	1.7456	0.5644	0.4298			
字母标记表示结果						
处理	均值	5%显著水	1%极显著水平			
3	2.3100	a	A			
2	2.1754	a	A			
1	1.7456	b	B			

图 9-5 施氮量对次年高 y_2 的影响

从单变量方差分析及多重比较结果看，施氮量对次年高 y_2 的影响是非常显著（$P=0.0009<0.01$），施氮量 3、施氮量 2 效果非常显著高于施氮量 1，施氮量 3 与施氮量 2 无显著差异。

施氮量对两年径 y_3 的影响如图 9-6 所示。

二年径y3	2.0247	2	1.0123	6.2591	0.0276	施氮量
LSD法多重比较(下三角为均值差及统计量,上三角为p值)						
LSD05=0.6945	LSD01=1.0278					
No.	均值	3	2	1		
3	4.7250		0.9028	0.0154		
2	4.6878	0.0372		0.0101		
1	3.7463	0.9787	0.9415			
字母标记表示结果						
处理	均值	5%显著水	1%极显著水平			
3	4.7250	a	A			
2	4.6878	a	A			
1	3.7463	b	A			

图 9-6 施氮量对两年径 y_3 的影响

从单变量方差分析及多重比较结果看，施氮量对两年径 y_3 的影响是显著的（$P=0.0276<0.05$），施氮量 3、施氮量 2 效果显著高于施氮量 1，施氮量 3 与施氮量 2 无显著差异。

施磷量对三个因变量的影响如图 9-7 所示。

根据 Wilk's Λ 显著水平检验，$P=0.7549>0.05$，表明施磷量对三个因变量无显著影响。对三个因变量分布做单变量方差分析，P 值都大于 0.05，同样表明施磷量对 y_1、y_2、y_3 无显著影响。

施钾量对三个因变量的影响如图 9-8 所示。

项目（施磷量）的多元方差分析					
多元统计检验					
Wilky's Λ	F值	df1	df2	p值	
0.8036	0.4072	3	5	0.7549	
单变量分析					
变量	平方和	自由度	均方	F值	p值	备注
当年高y1	0.0118	1	0.0118	0.3233	0.5874	施磷量
次年高y2	0.0081	1	0.0081	0.6527	0.4457	施磷量
二年径y3	0.0089	1	0.0089	0.0549	0.8215	施磷量

图 9-7　施磷量对三个因变量的影响

项目（施钾量）的多元方差分析					
多元统计检验					
Wilk's Λ	F值	df1	df2	p值	
0.7516	0.5507	3	5	0.6694	
单变量分析					
变量	平方和	自由度	均方	F值	p值	备注
当年高y1	0.0236	1	0.0236	0.6475	0.4475	施钾量
次年高y2	0.0021	1	0.0021	0.1662	0.6957	施钾量
二年径y3	0.0014	1	0.0014	0.0088	0.9277	施钾量

图 9-8　施钾量对三个因变量的影响

根据 Wilk's Λ 显著水平检验，$P=0.6694>0.05$，表明施钾量对三个因变量无显著影响。对三个因变量分布做单变量方差分析，P 值都大于 0.05，同样表明施钾量对 y_1、y_2、y_3 无显著影响。

9.2　多元线性回归与多元相关分析

多元线性回归是指具有一个因变量与多个自变量的一次回归。假设自变量为 x_1，x_2，…，x_m，与因变量 y 都是线性关系，共有 n 组数据，具体观测数据模式如表 9-2 所示。

表 9-2　n 组观测数据模式

	x_1	x_2	…	x_m	y
1	x_{11}	x_{21}	…	x_{m1}	y_1
2	x_{12}	x_{22}	…	x_{m2}	y_2
⋮	⋮	⋮	…	⋮	⋮
n	x_{1n}	x_{2n}	…	x_{mn}	y_n

如果因变量 y 同时受到 m 个自变量（x_1，x_2，…，x_m）的影响，而且 m 个自变量与 y 都是线性关系，那么就可以建立一个 m 元线性回归：

$$y = b_0 + b_1 x_1 + b_2 x_2 + \cdots + b_m x_m$$

b_0 是回归常数项，当 $x(x_1, x_2, \cdots, x_m)$ 都为 0 时，b_0 是 y 的初始值。$b_1, b_2, \cdots, b_m$ 称为 y 对 $x_1, x_2, \cdots, x_m$ 的偏回归系数。

多元相关也称复相关 (multiple correlation)，表示 m 个自变量与因变量的总相关。多元相关系数也就称复相关系数，表示 m 个自变量与因变量总的密切程度，用 R 表示，取值范围为 $[0, 1]$，R 值越接近 1，总相关越密切；越接近 0，总相关越不密切。R 的假设检验一般用 F 检验。多元相关系数的平方 R^2 称为决定系数，表示多元回归平方和占 y 的总变异平方和的比率。

9.2.1 多元回归统计检验步骤

（1）回归方程显著性检验。回归方程显著性检验实际上是将所有自变量 x_i（$i=1, 2, \cdots$）作为一个整体，检验与因变量 y 的线性关系是否显著。当显著水平 $P>0.05$，那么认为自变量 x_i 与因变量 y 之间的线性关系不显著；当显著水平 $P\leqslant 0.05$，那么认为自变量 x_i 与因变量 y 之间的线性关系显著，需要进一步对回归系数进行 t 检验，剔除不重要的自变量。

（2）相关系数、复相关系数和调整的复相关系数。相关系数反映了各个变量（所有自变量 x_i 和因变量 y）之间相互联系的程度，自变量 x_i 之间的相关系数也是诊断自变量之间共线性的指标之一。多元相关称复相关 (multiple correlation)，表示 m 个自变量与因变量的总相关。多元相关系数也就称复相关系数，表示 m 个自变量与因变量总的密切程度，用 R 表示，取值范围为 $[0, 1]$，R 值越接近 1，总相关越密切；越接近 0，总相关越不密切。R 的假设检验一般用 F 检验，是对整个回归方程的分析。多元相关系数的平方 R^2 称为决定系数，表示多元回归平方和占 y 的总变异平方和的比率。

调整后的复相关系数用 R_a 表示，与样本容量 N、回归方程变量个数有关，小于复相关系数 R，一般以 R_a 最大为标准，来确定引入回归方程的变量个数。

（3）方差膨胀系数 VIF。方差膨胀系数是诊断每个自变量受到多重共线性影响的重要指标，当一个变量的 VIF 很大时，表示自变量间存在着多重共线性效应。

（4）残差分析。通过残差图分析，可以提供以下信息。

如果各个点都在 $-2 \sim +2$ 之内，且无任何趋势，就说明建立的回归方程较好。如果有异常点落在 $-2 \sim +2$ 之外，或者残差散点图分布有某种趋势，就说明建立的回归方程不是很好，需要进行适当的修正。

如果残差散点图分布有某种趋势，说明线性回归模型未必合适，可以考虑建立其他回归方程。

当残差散点图中出现离群值（异常点），应酌情处理（删除、压缩等）。

另外一个残差诊断的重要指标是 DW (Durbin-Waston) 统计量，DW 统计量应该满足 $0<\text{DW}<4$，如果 DW 接近 0，表示残差存在正相关；如果 DW 接近 4，表明残差存在负相关；如果 DW 接近 2，表示残差相互独立。

【例 9-2】 表 9-3 是广西榆林地区 1956~1963 年三化螟越冬虫口密度（x_1，头/亩）、3~4 月日平均降水量（x_2，mm）和降水天数（x_3）与第一代幼虫发生量（头/亩），试建立多元回归方程。

表 9-3 三化螟越冬虫口密度、3~4 月日平均降水量、降水天数与第一代幼虫发生量

年份	越冬虫口密度		3~4 月日平均降水量（x_2）	3~4 月日平均降水天数（x_3）	第一代幼虫虫口密度	
	头/亩	对数值（x_1）			头/亩	对数值（y）
1956	637	2.80	1.9	32	366	2.56
1957	1063	3.03	4.6	38	213	2.33
1958	1492	3.17	1.6	18	256	3.35
1959	854	2.93	7.8	38	36	1.56
1960	263	2.42	2.2	27	178	2.25
1961	43	1.63	5.2	33	10	1.00
1962	786	2.90	2.0	29	1262	3.10
1963	525	2.72	1.4	25	299	2.48

1) DPS 解题

(1) 输入数据与选择数据（图 9-9）。

图 9-9 数据输入与选定

(2) 选择菜单："多元分析"→"回归分析"→"线性回归"，弹出对话框如图 9-10 所示。

区域 1 显示了偏回归系数及其对应的假设检验（t 检验）。区域 2 是多元线性回归的区间估计，本例中，输入 x_1 为 2.5，x_2 为 3.0，x_3 为 30，点击"预测"，即可得到 y 的拟合值与预测值。区域 3 是对多元线性回归方程的假设检验。

(3) 点击右下角"返回编辑"，即可得到详细的结果（图 9-11~图 9-13）。

简单相关系数中，左下角为相关系数，右上角为显著水平。y 与 x_1、x_2 是显著相关（$P<0.05$），与 x_3 相关不显著。

方差分析表显示，y 与 x_1、x_2、x_3 之间建立的三元线性回归方程达到极显著的水平

图 9-10 参数设置

图 9-11 变量分析结果

($P=0.0053<0.01$)。此时 y 与 x_1、x_2、x_3 之间存在多元相关系数 R 值为 0.972 747。决定系数 R^2 值为 0.946 236，表示资料中的三化螟第一代幼虫密度有 94.6236% 可以由 x_1、x_2、x_3 的变异决定。

偏回归系数的假设检验采用 t 检验，零假设为不存在偏回归关系。结果显示，检验 b_1 的 P 值小于 0.01，检验 b_2 的 P 值小于

图 9-12 相关系数结果

图 9-13 方差分析与系数分析结果

0.05，而检验 b_3 的 P 值大于 0.05，可以推断 x_1 对 y 的偏回归系数达极显著水平，x_2 对 y 的偏回归系数达显著水平，而 x_3 与 y 无偏回归关系（图 9-14）。

回归方程	
y=0.75664+0.9708x1-0.1763x2-0.01535x3	
press=	0.9884
剩余标准差SSE=	0.2341
预测误差标准差MSPE=	0.4971
Durbin-Watson d=	2.2513

图 9-14　回归方程

得到的 y 与 x_1、x_2、x_3 之间的多元线性回归方程为：
$$y = 0.756\,64 + 0.9708x_1 - 0.1763x_2 - 0.015\,35x_3$$

2) SPSS 解题

（1）定义变量并输入数据，把需要预测的 x_1、x_2、x_3 也输入（图 9-15）。

（2）点击菜单"分析（A）"→"回归（R）"→"线性（L）"（图 9-16）。

（3）弹出对话框，将"lg 第一代幼虫虫口密度"（y）选择到"因变量（D）"中，将其他三个变量选择到"自变量（I）"中（图 9-17）。

	lg越冬虫口密度	降水量	降水天数	lg第一代幼虫虫口密度
1	2.80	1.90	32.00	2.56
2	3.03	4.60	38.00	2.33
3	3.17	1.60	18.00	3.35
4	2.93	7.80	38.00	1.56
5	2.42	2.20	27.00	2.25
6	1.63	5.20	33.00	1.00
7	2.90	2.00	29.00	3.10
8	2.72	1.40	25.00	2.48
9	2.50	3.00	30.00	

图 9-15　数据输入

图 9-16　分析菜单的选择

（4）点击"统计量"按钮，勾选"估计（E）"、"模型拟合度（M）"、"R 方变化（S）"（图 9-18）。

图 9-17　参数设置

图 9-18　统计量设定

（5）再点击"继续"，返回对话框，点击"保存"按钮，在"预测区间"部分勾选"均值（M）"、"单值（I）"（图 9-19）。

（6）再点击"继续"，返回对话框，点击"确定"按钮，得到结果（图 9-20）。

模型汇总结果显示，y 与 x_1、x_2、x_3 之间存在复相关系数 R 值为 0.973，决定系数 R^2 为 0.946，表示资料中的三化螟第一代幼虫密度有 94.6% 可以由 x_1、x_2、x_3 的变异决定。y 与 x_1、x_2、x_3 之间建立的三元线性回归方程达到极显著的水平（$P=0.005<0.01$）。

ANOVA 是对多元线性回归方程的 F 检验，P 值 $0.005<0.01$，同样说明 y 与 x_1、x_2、x_3 之间建立的三元线性回归方程达到极显著的水平（图 9-21）。

系数分析结果显示了回归截距及三个偏回归系数的估计值与假设检验（图 9-22）。检验结果显示，

图 9-19　保存选项的设定

模型汇总[b]

模型	R	R方	调整R方	标准估计的误差	更改统计量				
					R方更改	F更改	df1	df2	Sig. F 更改
1	.973[a]	.946	.906	.23409	.946	23.467	3	4	.005

a. 预测变量：(常量)，降水天数，lg越冬虫虫口密度，降水量。
b. 因变量：lg第一代幼虫虫口密度

图 9-20　模型汇总

Anova^b

模型		平方和	df	均方	F	Sig.
1	回归	3.858	3	1.286	23.467	.005^a
	残差	.219	4	.055		
	总计	4.077	7			

a. 预测变量：(常量)，降水天数，lg越冬虫口密度，降水量。
b. 因变量：lg第一代幼虫虫口密度

图 9-21　方差分析结果

系数^a

模型		非标准化系数		标准系数	t	Sig.
		B	标准 误差	试用版		
1	(常量)	.757	.721		1.050	.353
	lg越冬虫口密度	.971	.185	.619	5.238	.006
	降水量	-.176	.061	-.530	-2.894	.044
	降水天数	-.015	.021	-.136	-.747	.497

a. 因变量：lg第一代幼虫虫口密度

图 9-22　系数分析结果

b_1 的 P 值小于 0.01，检验 b_2 的 P 值小于 0.05，而检验 b_3 的 P 值大于 0.05，可以推断 x_1 对 y 的偏回归系数达极显著水平，x_2 对 y 的偏回归系数达显著水平，而 x_3 与 y 无偏回归关系。根据回归截距及三个偏回归系数的估计值，可以得到回归方程为：

$$y = 0.757 + 0.971x_1 - 0.176x_2 - 0.015x_3$$

返回数据窗口，可以看到不同 x_1、x_2、x_3 值时，对应的 y 的均值与单值的 95％置信区间（图 9-23）。

lg越冬虫口密度	降水量	降水天数	lg第一代幼虫虫口密度	LMCI_1	UMCI_1	LICI_1	UICI_1
2.80	1.90	32.00	2.56	2.23936	3.05770	1.88052	3.41654
3.03	4.60	38.00	2.33	1.85964	2.74778	1.51656	3.09086
3.17	1.60	18.00	3.35	2.69422	3.85691	2.40357	4.14755
2.93	7.80	38.00	1.56	1.05979	2.22525	.76960	2.51543
2.42	2.20	27.00	2.25	1.99291	2.61413	1.58318	3.02386
1.63	5.20	33.00	1.00	.31528	1.51598	.03085	1.80041
2.90	2.00	29.00	3.10	2.46957	3.07852	2.05633	3.49176
2.72	1.40	25.00	2.48	2.45361	3.07937	2.04517	3.48781
2.50	3.00	30.00		1.93340	2.45478	1.49383	2.89436

图 9-23　数据分析结果

图 9-23 最后一行显示，当 $x_1=2.5$、$x_2=3.0$、$x_3=30$ 时，y 均值的 95％置信区间为 [1.933 40，2.454 78]，y 单值的 95％置信区间为 [1.493 83，2.894 36]。

9.2.2　偏相关

任何两个变量间的相关经常受到其他变量的影响，因而变量之间的两两相关（直线相关）系数往往不能反映两个变量间的真正关系，只有在其他变量保持不变的情况下，计算两个变量的相关关系才有意义。这种保持其他变量不变时计算得到的两个变量之间的相关关系数称为偏相关系数（partial correlation coefficient）。

偏相关系数用 r 加下标表示。如有三个变量 x_1、x_2、x_3，r_{12} 表示 x_3 保持不变时，x_1 与 x_2 的偏相关系数；r_{23} 表示 x_1 保持不变时 x_2 与 x_3 的偏相关系数。偏相关系数的取值范围是 $[-1, 1]$。

试以本章例 9-2 数据做偏回归分析。

1) DPS 解题

（1）输入数据与选择数据（图 9-24）。

图 9-24　数据输入与选定

（2）点击上方工具栏中的"R"（图 9-25）。

图 9-25　菜单运行

（3）立即得到结果。简单相关分析结果如图 9-26 所示。

结果显示，两个相关系数临界值为 $r_{0.05}=0.7067$，$r_{0.01}=0.8343$。第一代幼虫虫口密度（y）与越冬虫口密度正相关，$r=0.7418$，$r_{0.05}<|r|<r_{0.01}$，是显著的正相关。同样可以判断降水量（x_2）与 y 是显著的负相关（$r=-0.7538$，$r_{0.05}<|r|<r_{0.01}$），

变量	平均值	标准差	相关越冬	降水量	降水天数	第一代虫
越冬虫口	2.7000	0.4550	1	-0.1916	-0.1577	0.7418
降水量	3.3375	2.1476	-0.1916	1	0.7712	-0.7538
降水天数	30	6.3246	-0.1577	0.7712	1	-0.6426
第一代虫	2.3288	0.7139	0.7418	-0.7538	-0.6426	1
相关系数临界值,a=0.05时, r=0.7067				a=0.01时,r=0.8343		

图 9-26　简单相关分析结果

与降水天数相关不显著（$r=-0.6426$，$|r|>r_{0.05}$）。

（4）偏相关结果如图 9-27 所示。

（5）结果中，左下角是偏相关系数 r，右上角是 P 值。第一代幼虫虫口密度（y）与越冬虫口密度正相关，$r=0.9342$，$P=0.0064<0.01$，是非常显著的正相关。同样可以判断降水量（x_2）与 y 是显著的负相关（$r=-0.8227$，$P=0.0444<0.05$），与降水天数相关不显著（$r=-0.3498$，$P=0.4967>0.05$）。

我们将简单相关与偏相关的结果进行比较（图 9-28）。

偏相关	越冬虫口	降水量	降水天数	第一代虫
越冬虫口		0.0886	0.5343	0.0064
降水量	0.7460		0.8218	0.0444
降水天数	0.3215	0.1194		0.4967
第一代虫	0.9342	-0.8227	-0.3498	
左下角是相关系数r, 右上角是p值				
偏相关, a=0.05, r=0.8114		a=0.01时, r=0.9172		

图 9-27　偏相关分析结果

变量	相关越冬	降水量	降水天数	第一代虫
越冬虫口	1	-0.1916	-0.1577	0.7418
降水量	-0.1916	1	0.7712	-0.7538
降水天数	-0.1577	0.7712	1	-0.6426
第一代虫	0.7418	-0.7538	-0.6426	

偏相关	越冬虫口	降水量	降水天数	第一代虫
越冬虫口		0.0886	0.5343	0.0064
降水量	0.7460		0.8218	0.0444
降水天数	0.3215	0.1194		0.4967
第一代虫	0.9342	-0.8227	-0.3498	

图 9-28　简单相关与偏相关的比较分析

可以看出，两者数据不一样，而且相关符号也会不同，如越冬虫口密度与降水量、降水天数之间的简单相关为负相关，而偏相关则为正相关。这是因为简单相关没有排除其他变量的影响，混有其他变量的效应；而偏相关排除了其他变量的影响，能够真实反映相关的密切程度，因此对于多变量资料，需要采用偏相关分析。

2）SPSS 解题

（1）对于例题 9-2 数据，点击菜单"分析（A）"→"相关（C）"→"偏相关（R）"（图 9-29）。

（2）弹出对话框，将需要计算偏相关系数的变量选择到"变量（V）"下方，将其余变量选择到"控制（C）"下方。图 9-30 显示计算 lg 越冬虫口密度（x_1）与 lg 第一代幼虫虫口密度（y）的偏相关系数，保持降水量（x_2）与降水天数（x_3）不变。

（3）点击"确定"按钮，即可得到结果（图 9-31）。

结果显示，lg 越冬虫口密度（x_1）与 lg 第一代幼虫虫口密度（y）的偏相关系数为 0.934，$P=0.006<0.01$，是非常显著的正相关。

图 9-29　分析菜单的选择

图 9-30　参数设置

图 9-31　分析结果

9.3　逐步回归

在多元线性回归分析和偏相关分析中，往往发现有些自变量与因变量 y 的偏回归系数是不显著的，这说明这些自变量对 y 的影响不显著，在回归方程中也是不重要的，这时可以从回归方程中将与 y 偏回归不显著的自变量剔除，重新建立一个各个偏回归系数都显著的最优回归方程。

【例 9-3】　测定'丰产 3 号'小麦 15 株的单株穗数 x_1、每穗结实小穗数 x_2、百粒重 x_3（g）、株高 x_4（cm）和单株籽粒产量 y（g），结果如表 9-4 所示，建立 y 与 x 的最优回归方程。

表 9-4　单株性状调查结果

株号	单株穗数 x_1	每穗结实小穗数 x_2	百粒重 x_3/g	株高 x_4/cm	单株籽粒产量 y/g
1	10	23	3.6	113	15.7
2	9	20	3.6	106	14.5
3	10	22	3.7	111	17.5
4	13	21	3.7	109	22.5

续表

株号	单株穗数 x_1	每穗结实小穗数 x_2	百粒重 x_3/g	株高 x_4/cm	单株籽粒产量 y/g
5	10	22	3.6	110	15.5
6	10	23	3.5	110	16.9
7	8	23	3.3	103	8.6
8	10	24	3.4	100	17.0
9	10	20	3.4	114	13.7
10	10	21	3.4	104	13.4
11	10	23	3.9	110	20.3
12	8	21	3.5	104	10.2
13	6	23	3.2	114	7.4
14	8	21	3.7	113	11.6
15	9	22	3.6	105	12.3

可用 DPS 解题，具体方法如下。

(1) 输入数据与选择数据（图 9-32）。

图 9-32 数据输入与选定

(2) 点击菜单"多元分析"→"回归分析"→"逐步回归"，弹出对话框如图 9-33 所示。

(3) 结果显示，x_1、x_2、x_3 对 y 的影响显著，对应的偏回归系数检验 P 值都小于 0.05，被引入方程；此时复相关系数 R 为 0.959 41，调整后的 R 为 0.948 04；此时对回归方程的 F 检验结果表明，$P=0.0000$，y 与 x_1、x_2、x_3 建立的三元线性回归方程达到极显著的水平；而 x_4 对应的偏回归系数检验 P 值为 0.4812，大于 0.05，对 y 的影响不显著，未被引入方程。

此时如果点击"Yes"按钮，则将 x_4 引入方程，结果如图 9-34 所示。

图 9-33　将 x_4 引入方程

图 9-34　引入 x_4 后的结果

（4）回归方程引入 x_4 后，调整的 R 值为 0.945 68，小于不引入 x_4 的调整 R 值 0.948 04；而方程引入 x_4 后的 F 检验的 P 值为 0.0002，也大于不引入 x_4 时的 P 值。因此不引入 x_4 建立的方程更好。此时可以按"No"按钮，剔除 x_4，对话框恢复到未引入 x_4 的状态，点击"OK"按钮，即可得到结果，从结果中我们可以得到以下重要信息。

最优回归方程如图 9-35 所示。

图 9-35　方差分析表

显示引入自变量 x_1、x_2、x_3 所建立的三元线性回归方程为：
$y = -46.966\,359\,1 + 2.013\,139\,044\,1 x_1 + 0.674\,643\,549\,7 x_2 + 7.830\,226\,988 x_3$
方程经方差检验，F 值为 42.4387，P 为 0.0000，达到极显著的水平。

偏回归系数及其假设检验如图 9-36 所示。

图 9-36　偏回归系数及其检验

结果显示，x_1 的回归系数 b_1 为 2.0131，经 t 检验 P 值小于 0.01；x_2 的回归系数 b_2 为 0.6746，经 t 检验 P 值小于 0.05；x_3 的回归系数 b_3 为 7.8302，经 t 检验 P 值小于 0.01，可以推断 x_1、x_2、x_3 对 y 的偏回归系数都达显著水平。

复相关系数如图 9-37 所示。

复相关系数	决定系数R^2=0.920472	
剩余标准差		
调整相关系数Ra=0.948041	调整决定系数Ra^2=0.898783	

图 9-37　复相关系数

x_1、x_2、x_3 与 y 之间的决定系数 R^2 为 0.920 472，R 为 0.948 041，调整后的决定系数 R^2 为 0.898 783。

9.4　通径分析

通径分析（path analysis）也称路径分析，是通径系数分析的简称，是变量标准化后的偏回归系数，是用来表示相关变量因果关系的统计量。通径分析是数量遗传学家 Sewall Wright 于 1921 年提出来的一种多元统计技术，用于分析多个自变量与因变量之间的线性关系，是回归分析的拓展，可以处理较为复杂的变量关系。如当自变量数目比较多，且自变量间相互关系比较复杂（如有些自变量间的关系是相关关系，有些自变量间则可能是因果关系）或者某些自变量是通过其他的自变量间接地对因变量产生影响，这时可以采用通径分析。通径分析将相关系数分解为直接作用系数与间接作用系数，解释各个因素对因变量的相对重要性，比相关分析和回归分析更加精确，使多变量资料的分析更加合理。

以例 9-3 的数据为例，对'丰产 3 号'小麦 15 株的单株穗数 x_1、每穗结实小穗数 x_2、百粒重 x_3（g）、株高 x_4（cm）和单株籽粒产量 y（g）进行通径分析。我们可以用 DPS、SPSS 来进行通径分析。

DPS 解题具体方法如下。

在进行逐步回归分析中，结果中最后一部分会给出通径分析，得到直接系数与间接系数，将直接系数与间接系数相加，就可得到总的系数（图 9-38）。

通径分析					
变量	直接系数	通过x1	通过x2	通过x3	总系数
x1	0.7534		-0.0271	0.1709	0.8973
x2	0.1993	-0.1023		-0.0508	0.0462
x3	0.3414	0.3773	-0.0297		0.6890
决定系数R^2=0.92047					
剩余通径系数=0.28201					

图 9-38　通径分析结果

由直接系数可以看出自变量 x_1、x_2、x_3 对 y 的直接作用分别是：$P_{1y}=0.7534$、$P_{2y}=0.1993$、$P_{3y}=0.3414$。3 个自变量对单株产量 y 的直接影响中，单株穗数 x_1 的直接作用最大，百粒重 x_3 次之，每穗结实小穗数 x_2 的直接作用最小。

通过分析各个间接通径系数发现，单株穗数 x_1 通过百粒重 x_3 对产量 y 的间接作用较大，其间接通径系数 0.1709。虽然单株穗数 x_1 通过每穗结实小穗数 x_2 对产量 y 产生一定负值的间接作用（−0.0271），但从总系数看，x_1 为 0.8973，最大，表明单株穗数 x_1 对 y 的影响较大。

百粒重 x_3 对 y 的直接系数为 0.3414；通过单株穗数 x_1 对产量 y 的间接作用较大，达到 0.3773，超过 x_3 对 y 的直接系数；x_3 通过每穗结实小穗数 x_2 对产量 y 产生一定负值的间接作用（−0.0297）；总的系数为 0.6890，使得百粒重 x_3 对产量 y 的影响也较大。

每穗结实小穗数 x_2，其直接通径系数和间接通径系数均较小，对单株产量 y 的改变影响不大，可不必过多考虑。

因此，单株穗数 x_1 和百粒重 x_3 对单株籽粒产量的增加具有重要作用。

9.5 聚 类 分 析

聚类分析（cluster analysis）是一种分类技术，与回归分析、判别分析一起被称为多元分析的三大方法。聚类分析是一种数值分类方法，当面对一群总体分类未知的事物，依照"物以类聚"思想，把性质相近的事物归入同一类，而把性质相差较大的事物归入不同类。

聚类分析根据分类对象分两种情况，一种是对样品的分类。例如，有几十种不知名的啤酒，我们可以根据啤酒中含有的乙醇成分、钠成分、所含的"卡路里"数值对几十种啤酒进行分类，这种聚类常称为 Q 型聚类。另一种是对变量的分类。例如，在儿童生长发育研究中，有很多测量指标，通过聚类可以把以形态学为主的指标归于一类，以机能为主的指标归于另一类，这类聚类常称为 R 型聚类。

聚类的方法很多，常见的有两种方法：一种是根据样本或变量之间的亲疏程度来聚类，先把亲近的聚成小类，再根据小类之间的亲疏程度形成更大的类，最后全部样品都聚成一类，这种方法称为系统聚类；另一种是将 n 个样品初步分类，然后根据分类函数尽可能小的原则，对已分类进行调整，直到分类合理为止，这种方法称为动态聚类。

9.5.1 系统聚类

系统聚类（hierarchical clustering）在聚类分析中应用最广泛，凡是具有数值特征的变量和样品都可以通过选择不同的距离和系统聚类方法来聚类。系统聚类法就是把个体逐渐合并成一些子集，小类再合并，直到全部个体都在一个集合里面为止。系统聚类的一般步骤如下。

1. 数据转换

原始数据常常有不同的量纲和数量级单位，如害虫的发生期、发生量、危害率、损失率及危害程度等量纲是不同的,发生量的数值可以大到几千几万,而危害率总在 0~1,发生程度一般为 1~5 级。这些量纲不同的数据要放在一起比较,必须进行数据转换处理。常用的转换方法有以下 8 种。

(1) 总和转换。每个观测值除以该列数据的总和,这样转化后的变量和为 1。

(2) 中心化。先求出每个变量的平均值,每个观测值减去均值。变换的结果使每列数据之和均为 0。

(3) Z 分数。先求出每个变量的平均值,每个观测值减去均值,再除以标准差,这样转换后的变量均值为 0,标准差为 1。DPS 中称为标准化转换。

(4) -1~1。观测值中有负数,对每个观测值除以极差,这样把数据都转换到 -1~1 的范围内。

(5) 0~1。每个观测值减去该列最小值再除以极差,这样把数据都转换到 0~1 的范围内。DPS 中称为规格化转换。

(6) 均值为 1。每个观测值除以平均值,这样转换后的变量均值为 1。

(7) 标准差为 1。由每个观测值除以标准差。

(8) 对数转换。如果观测值大于 0,每个观测值取对数,具有指数特征的数据结构就可转换为线性数据结构。

2. 计算相似系数或距离

研究变量或样本之间的亲疏程度的指标有两种,一种称为相似系数,性质越近的相似系数越接近 1 或 -1,彼此无关的样品相似系数接近于 0,聚类时根据相似系数来归类;另一种是距离,如有 n 个样品,每个样品测定 P 个指标(变量),这样把每个样品看成 P 维空间中的一个点,计算点与点之间的距离,根据点之间距离远近来聚类。

对于连续变量,计算距离的方法有几类。

(1) 欧氏(Euclidean)距离、欧氏平方(Squared Euclidean)距离、切比雪夫(Chebychev)距离、明氏(Minkowski)距离。欧氏距离与切比雪夫距离是明氏距离的特化。当变量观测值相差悬殊时,明氏距离并不合理,需要对观测值标准化。明氏距离与变量的量纲有关,且没有考虑变量之间的相关性。

(2) 马氏(Mahalanobis)距离。马氏距离是由印度统计学家马哈拉诺比斯于 1936 年引入的,故称为马氏距离。马氏距离既排除了各指标之间相关性的干扰,而且还不受各指标量纲的影响。

(3) 兰氏(Lanberra)距离。它是由 Lance 和 Williams 最早提出的,故称兰氏距离。此距离仅适用于观测值都大于 0 的情况,这个距离有助于克服各指标之间量纲的影响,但没有考虑指标之间的相关性。

(4) 相似系数。包括 cos 相似度与 pearson 相关。

(5) χ^2(Chi-square)测度与 Φ^2(Phi-square)测度。这两种测度主要应用于计数变量。徐振邦等(1986)认为,卡方距离比欧氏距离等常用的距离系数具有更强的分辨能力。

3. 选择聚类方法（小类间的距离计算）

根据类间距离的不同定义，形成了不同的系统聚类分析方法。常见的方法如下。

（1）组间连接法（between-groups linkage）。按各对距离分类，在 SPSS 中作为默认方法，合并结果使两两效果较好，比较常用。

（2）组内连接法（within-group linkage）。按各对距离平方分类。

（3）最短距离法（nearest neighbor 或 single linkage method）。该方法有连接聚合的趋势，容易使大部分样品被聚在一类中，形成一个大类，低估了类间距离，实际中不常用。

（4）最长距离法（farthest neighbor 或 complete linkage method）。受奇异值的影响大，最长距离夸大了类间距离。

（5）重心法（centroid method）。以两类样品重心（均值）之间的距离作为两类间的距离。每合并一次类，都要重新计算新类的重心。不具单调性，图形逆转，限制了其应用，可能引起局部最优，但在处理异常值方面较稳健。

（6）中间距离法（median clustering）。该法介于最短距离法与最长距离法之间（取三角形的中线）。

（7）类平均法。重心法虽有很好的代表性，但并未充分利用各样品的信息，因此给出类平均法，它定义两类之间的距离平方为这两类元素两两之间距离平方的平均。

（8）可变类平均法。由于类平均法公式中没有反映两小类之间距离的影响，所以给出可变类平均法进行改进。

（9）Ward 离差平方和法。Ward 法的基本思想是来自于方差分析，如果分类正确，同类样品的离差平方和应当较小，类与类的离差平方和应当较大。先将 n 个样品各自成一类，然后每次缩小一类，每缩小一类离差平方和就要增加，选择使离差平方和增加最小的两类合并，直至所有的样品归为一类为止。该法倾向于把样品少的类聚到一起，可以发现规模和形状大致相同的类。分类效果好，应用广泛。

一般情况下，用不同的方法聚类的结果是不完全一致的。在实际应用中，要根据分类问题本身的专业知识结合实际需要来选择分类方法，并确定分类个数。也可以多用几种分类方法去作，把结果中的共性取出来，如果用几种方法的某些结果都一样，则说明这样的聚类确实反映了事物的本质，而将有争议的样品暂放一边或用其他办法如判别分析去归类。

【例9-4】 为研究某地 1962~1988 年三化螟种群消长演替规律，根据历年积累的资料进行系统聚类分析。三化螟种群消长特征指标有第 2 代和第 3 代幼虫发生量、第 2 代和第 3 代卵盛孵高峰期（分别以 5 月 31 日和 7 月 20 日为零）、2~3 代及 3~4 代的增殖系数。

表 9-5　某地 1962～1988 年三化螟种群历年积累的资料

序号	年份	幼虫发生量		发生期		增殖系数	
		第二代	第三代	第二代	第三代	$F_2 \to F_3$	$F_3 \to F_4$
1	1962	344	3333	29	9	9.69	1.91
2	1963	121	1497	27	19	12.37	1.34
3	1964	187	1813	32	18	9.70	1.06
4	1965	500	4000	34	14	8	1.82
5	1966	441	3750	36	14	8.50	1.87
6	1967	404	4600	33	16	11.39	1.52
7	1968	328	986	35	18	3.01	1.26
8	1969	806	1790	32	15	2.22	2.14
9	1970	730	1970	36	20	2.70	2.64
10	1971	263	333	29	15	1.27	1.07
11	1972	486	600	32	19	1.23	1.47
12	1973	248	585	33	20	2.36	1.08
13	1974	2100	2700	22	14	1.28	1.33
14	1975	333	287	38	19	0.86	0.70
15	1976	90	77	40	24	0.86	1.87
16	1977	19	25	40	27	1.32	2.88
17	1978	230	2525	39	20	10.96	0.55
18	1979	1392	1041	33	18	0.75	4.17
19	1980	308	41	31	28	0.13	3.34
20	1981	415	916	36	18	2.21	1.09
21	1982	34	401	38	29	11.79	0.99
22	1983	267	803	37	26	3.01	0.09
23	1984	1043	3500	39	26	3.36	0.07
24	1985	2243	7452	31	20	3.32	0.12
25	1986	236	599	35	26	2.54	0
26	1987	558	1061	33	24	1.90	0
27	1988	162	2817	34	21	2.64	0

1) DPS 解题

(1) 本题为数量指标聚类分析，用 DPS 解题时，首先进行原始数据编辑整理及其数据块的定义，Q 型聚类分析在 DPS 中的数据编辑格式为一样一个样本，一列为一个变量，第一列可以是样本的名称。选定数据后，点击菜单"多元分析"→"聚类分析"→"系统聚类"（图 9-39）。

(2) 弹出对话框，由于数据量纲不同，数据转换方式选择"标准化转换"；聚类距离选

第 9 章 多元统计分析 · 247 ·

图 9-39 菜单选择

择"欧氏距离";聚类方法选择"离差平方和法",勾选"第一列是样本名称?"(图 9-40)。

(3) 点击"确定",即可得到系统聚类图,关闭图,得到结果。在结果的最后,是聚类图(图 9-41)。

(4) 从图 9-41 看,27 个年份可以分为 4 类。在结果中寻找分成 4 类的聚类数据(图 9-42～图 9-45)。

图 9-40 参数设置

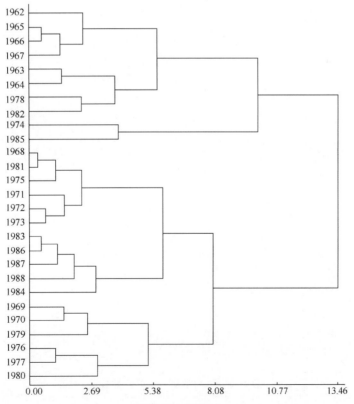

图 9-41 聚类图

类别数=4						
第1类						
1964	187	1813	32	18	9.7000	1.0600
1967	404	4600	33	16	11.3900	1.5200
1965	500	4000	34	14	8	1.8200
1966	441	3750	36	14	8.5000	1.8700
1978	230	2525	39	20	10.9600	0.5500
1963	121	1497	27	19	12.3700	1.3400
1962	344	3333	29	9	9.6900	1.9100
1982	34	401	38	29	11.7900	0.9900
均值	282.6250	2739.8750	33.5000	17.3750	10.3000	1.3825
SD	165.0471	1431.3067	4.1748	5.8539	1.5762	0.4898

图 9-42　聚类结果——第 1 类数据

第2类						
1973	248	585	33	20	2.3600	1.0800
1981	415	916	36	18	2.2100	1.0900
1968	328	986	35	18	3.0100	1.2600
1987	558	1061	33	24	1.9000	0
1975	333	287	38	19	0.8600	0.7000
1972	486	600	32	19	1.2300	1.4700
1988	162	2817	34	21	2.6400	0
1986	236	599	35	26	2.5400	0
1983	267	803	37	26	3.0100	0.0900
1971	263	333	29	15	1.2700	1.0700
1984	1043	3500	39	26	3.3600	0.0700
均值	394.4545	1135.1818	34.6364	21.0909	2.2173	0.6209
SD	244.6366	1041.4672	2.8731	3.8329	0.8174	0.5925

图 9-43　聚类结果——第 2 类数据

第3类						
1970	730	1970	36	20	2.7000	2.6400
1976	90	77	40	24	0.8600	1.8700
1980	308	41	31	28	0.1300	3.3400
1977	19	25	40	27	1.3200	2.8800
1969	806	1790	32	15	2.2200	2.1400
1979	1392	1041	33	18	0.7500	4.1700
均值	557.5000	824	35.3333	22	1.3300	2.8400
SD	521.2845	905.8764	3.9833	5.1769	0.9661	0.8356

图 9-44　聚类结果——第 3 类数据

第4类						
1985	2243	7452	31	20	3.3200	0.1200
1974	2100	2700	22	14	1.2800	1.3300
均值	2171.5000	5076	26.5000	17	2.3000	0.7250
SD	101.1163	3360.1714	6.3640	4.2426	1.4425	0.8556

图 9-45　聚类结果——第 4 类数据

第一类：第三代幼虫发生量较高，$F_2 \to F_3$ 增殖系数最高。

第二类：第二代与第三代幼虫发生量一般，$F_3 \to F_4$ 增殖系数最低。

第三类：第二代与第三代幼虫发生量一般，$F_2 \to F_3$ 增殖系数最低。

第四类：第二代与第三代幼虫发生量最高，属于猖獗发生年。

2）SPSS 解题

（1）导入数据，注意年份要定义为字符型，其他为数值型。选择菜单"分析（A）"→"分类（F）"→"系统聚类（H）"（图 9-46）。

图 9-46 菜单选择

（2）弹出对话框，将"年份"选择到"标注个案（C）"下面，其他选择到"变量"下面（图 9-47）。

（3）点击"绘制（T）"，弹出对话框，勾选"树状图（D）"（图 9-48）。

（4）点击"继续"，返回上级对话框，再点击"方法（M）"，弹出子对话框（图 9-49）。

（5）"聚类方法（M）"选择"Ward 法"，"度量标准"选择"区间（N）"的"Euclidean 距离"，"转换值"选择"Z 得分"。点击"继续"返回上级对话框，点击"确定"，得到结果，树状如图 9-50 所示。

从图 9-50 可知与 DPS 分析结果一致。

图 9-47 参数设置

图 9-48 图形选取

图 9-49 聚类方法的选取

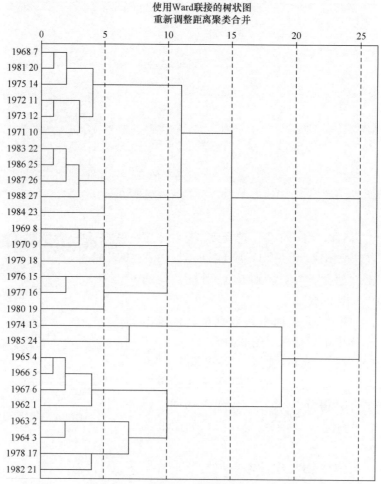

图 9-50 聚类图

9.5.2 动态聚类

当样本容量很大时，系统聚类对计算机内存要求很大，有可能难以进行。动态聚类可以解决这个问题，它计算工作量小，占用计算机内存空间小，因此适合大样本的 Q 型聚类分析。

动态聚类首先按照一定的方法选取一批凝聚点，然后让样品向最近的凝聚点凝聚成类，得到初始分类。如果初始分类不合理，就会根据最近距离原则来修改不合理的分类，直到分类合理为止。动态聚类主要是 K-means 方法和最小组内平方和法。

9.6 判 别 分 析

判别分析（discriminatory analysis）产生于 20 世纪 30 年代，是利用已知类别的样本建立判别模型，来判别未知类别样本的一种统计方法。近年来，判别分析在自然科学、社会学及经济管理学科中都有广泛的应用。判别分析的特点是根据已掌握的、历史上每个类别的若干样本的数据信息，总结出客观事物分类的规律性，建立判别公式和判别准则。当遇到新的样本点时，只要根据总结出来的判别公式和判别准则，就能判别该样本点所属的类别。判别分析按照判别的组数来区分，可以分为两组判别分析和多组判别分析。

判别分析的任务是根据已掌握的 1 批分类明确的样品，建立较好的判别函数，使产生错判的事例最少，进而对给定的 1 个新样品，判断它来自哪个总体。

判别分析的过程分为两步：首先是依据已知样本及其预测变量建立起一系列分类规则或判别规则，其次是运用这一规则对样本的原有分类进行检验以确定原有分类错判率。同时如果原有分类具有较低的错判率，则建立起来的分类规则可以应用于实际工作中。

从以上可知，判别分析是一种统计方法，这个方法依靠经验模型来对未知类别对象进行分类。判别分析的方法中较常使用的有 Fisher 判别和 Bayes 判别。

Fisher 判别核心思想是投影，使多维问题简化为一维问题来处理。选择一个适当的投影轴，使所有的样品点都投影到这个轴上得到一个投影值。对这个投影轴的方向的要求是：使每一类内的投影值所形成的类内离差尽可能小，而不同类间的投影值所形成的类间离差尽可能大。

Bayes 判别适合用于多类别的判断，对样本的要求是总体符合或贴近多元正态分布。判别思想是根据先验概率求出后验概率，并依据后验概率分布作出统计推断。所谓先验概率，就是用概率来描述人们事先对所研究对象的认识的程度；所谓后验概率，就是根据具体资料、先验概率、特定的判别规则所计算出来的概率。它是对先验概率修正后的结果。

判别分析有以下适用条件：①自变量与因变量的关系符合线性假定；②因变量的取

值是独立的,且事先知道属于哪一类;③自变量服从多元正态分布;④所有自变量在各组间方差具有齐性,协方差矩阵也相等;⑤自变量间不存在多重共线性。

9.6.1 Fisher 两类判别

【例 9-5】 根据小麦赤霉病不同发病田块所占比例及决定防治对策的原理,将赤霉病划分为偏重发生和偏轻发生两类,并从气象因素中筛选出稳定通过 10℃ 的初日 (x_1) 和元月上中旬日照时数 (x_2) 两个因子。试对 1963~1985 年资料进行两组判别分析,并对 1986~1988 年三年资料进行归类(表 9-6)。

表 9-6 1963~1988 年 10℃ 的初日 (x_1) 和元月上中旬日照时数 (x_2) 与小麦赤霉病发病类别

年份	x_1	x_2	类别	年份	x_1	x_2	类别
1963	21	176.9	1	1981	15	112.2	1
1964	20	68.4	1	1983	10	128.8	1
1965	19	136.6	1	1984	20	120.1	1
1966	17	106.5	1	1985	13	102.4	1
1968	8	104.9	1	1967	11	130.2	2
1969	17	115.1	1	1970	14	96.7	2
1971	5	137.9	1	1972	19	58.0	2
1974	8	82.6	1	1973	3	46.4	2
1975	14	123.1	1	1977	11	51.6	2
1976	21	139.5	1	1983	7	75.2	2
1978	15	108.7	1	1986	11	126.1	0
1979	17	99.7	1	1987	25	90.6	0
1980	27	99.3	1	1988	17	67.5	0

1) DPS 解题

(1) 整理原始数据,待判别的 1986~1988 年三年资料对应的类别用"0"代替。选择数据块,选择菜单多元分析→两类判别(图 9-51)。

(2) 立即得到结果如图 9-52 所示。

从结果可以得到判别函数为 $y=0.0061x_1+0.0025x_2$。统计检验 F 值为 5.6172,显著水平 P 为 0.0116,P 小于 0.05,表明判别函数有统计意义,可用于判别预测。拟合度 $C=78.2609\%$。待判断的三个样本中,1986 年、1987 年属于第 1 类,1988 年属于第 2 类。

图 9-51 菜单选择

2) SPSS 解题

(1) 定义变量，输入数据，待判别的 1986～1988 年三年资料对应的类别用空白。选择菜单"分析（A）""分类（F）"→"判别（D）"（图 9-53）。

(2) 弹出对话框，将"类别（??）"选择到"分组变量（G）"，x_1 与 x_2 选择到"自变量（I）"（图 9-54）。

图 9-52 判别分析结果

(3) 点击"分组变量（G）"下面的"定义范围（D）"，弹出子对话框，"最小值"输入"1"，"最大"输入"2"（图 9-55）。

(4) 点击"继续"返回上级对话框，点击"统计量（S）"，如图 9-56 所示设置。

(5) 点击"继续"返回上级对话框，点击"分类（C）"，如图 9-57 所示设置。

(6) 点击"继续"返回上级对话框，点击"保存（A）"，如图 9-58 所示设置。

(7) 点击"继续"返回上级对话框，点击"确定"，得到结果，下面将主要结果进行说明。

单变量方差分析结果如图 9-59 所示。

单变量方程分析结果，x_1 对应的 P 值为 $0.083 > 0.05$，表明 x_1 对判别分析实际意义不大；而 x_2 项对应的 P 值为 $0.006 < 0.01$，表明 x_2 对判别分析有意义。

图 9-53 菜单选择

图 9-54 参数选择　　图 9-55 极值的设定　　图 9-56 统计量选项的设置

图 9-57 分类选项的设置　　　　图 9-58 保存选项的设置

预测分类结果如图 9-60 所示。

这是对判别效果的验证，对 1 类的判别正确率为 82.4%，17 个中有 3 个误判为 2

组均值的均等性的检验

	Wilks 的 Lambda	F	df1	df2	Sig.
x1	.864	3.318	1	21	.083
x2	.688	9.528	1	21	.006

图 9-59　单变量方差分析结果

类；对 2 类的判别正确率为 66.7%，6 个中有 2 个误判为 1 类。未知样本中，2 个归入 1 类，1 个归入 2 类。总体上判别的正确率为 78.3%。

未知样本的归类如图 9-61 所示。

返回 SPSS 数据表，可以看到新生成了变量"Dis_1"，软件预测的类别结果在该列，1986 年、1987 年被归入 1 类，1988 年归入 2 类。

分类结果ª

类别			预测组成员		合计
			1	2	
初始	计数	1	14	3	17
		2	2	4	6
		未分组的案例	2	1	3
	%	1	82.4	17.6	100.0
		2	33.3	66.7	100.0
		未分组的案例	66.7	33.3	100.0

a. 已对初始分组案例中的 78.3% 个进行了正确分类。

图 9-60　预测分类结果

	年份	x1	x2	类别	Dis_1
19	1970	14	96.7	2	1
20	1972	19	58.0	2	2
21	1973	3	46.4	2	2
22	1977	11	51.6	2	2
23	1983	7	75.2	2	2
24	1986	11	126.1	.	1
25	1987	25	90.6	.	1
26	1988	17	67.5	.	2

图 9-61　未知样本的归类

9.6.2　Fisher 多类判别

【例 9-6】　收集三种鸢尾花的花瓣、花萼的长宽数据，每种鸢尾花 50 个观测值，共 150 个（表 9-7）。试对三种鸢尾花进行判别分析。

表 9-7　三种鸢尾花的花瓣、花萼的长宽数据

序号	萼片长度/cm	萼片宽度/cm	花瓣长度/cm	花瓣宽度/cm	鸢尾花种类
1	5.1	3.5	1.4	0.2	1
2	4.9	3.0	1.4	0.2	1
3	4.7	3.2	1.3	0.2	1
4	4.6	3.1	1.5	0.2	1
5	5.0	3.6	1.4	0.2	1
6	5.4	3.9	1.7	0.4	1

续表

序号	萼片长度/cm	萼片宽度/cm	花瓣长度/cm	花瓣宽度/cm	鸢尾花种类
7	4.6	3.4	1.4	0.3	1
8	5.0	3.4	1.5	0.2	1
9	4.4	2.9	1.4	0.2	1
10	4.9	3.1	1.5	0.1	1
⋮	⋮	⋮	⋮	⋮	⋮
150	5.9	3.0	5.1	1.8	3

1) DPS 解题

(1) 输入数据，选择数据，点击菜单"多元分析"→"判别分析"→"Fisher 多类线性判别分析"（图 9-62）。

图 9-62 菜单选择

(2) 弹出对话框，点击"OK"，对话框即变为图 9-63 所示状态。

图 9-36 中可以看出，三类鸢尾花的判别效果较好，仅第二类有个别样本与第三类重叠。点击"Exit"，得到结果，下面对主要结果进行解释。

单变量方差分析结果如图 9-64 所示。

图 9-63 判别结果

图 9-64 单变量方差分析结果

$x_1 \sim x_4$ 4 个变量的方差分析结果显示，显著性 P 值都小于 0.01，说明每个变量对于判别分析都是有意义的。

预测分类结果如图 9-65 所示。

对 1 类变量的判别正确率为 100%；对 2 类变量的判别正确率为 48/50＝96%，有 2 个误判为 3 类；对 3 类变量的判别正确率为 49/50＝98%，有 1 个误判为 2 类。

CLASSIFICATION TABLE				
变量	1	2	3	TOTAL
1	50	0	0	50
2	0	48	2	50
3	0	1	49	50
TOTAL	50	49	51	150

图 9-65　预测分类结果

2) SPSS 解题

(1) 定义变量，输入数据，选择菜单"分析（A）"→"分类（F）"→"判别（D）"（图 9-66）。

图 9-66　菜单选择

(2) 弹出对话框，将"鸢尾花种类（??）"选择到"分组变量（G）"，"花瓣长"、"花瓣宽"、"花萼长"、"花萼宽"选择到"自变量（I）"（图 9-67）。

(3) 点击"分组变量（G）"下面的"定义范围（D）"，弹出子对话框，"最小值"输入"1"，"最大"输入"3"（图 9-68）。

图 9-67　参数设置

图 9-68　极值设定

(4) 点击"继续"返回上级对话框，点击"统计量（S）"，如图 9-69 所示设置。

(5) 点击"继续"返回上级对话框，点击"分类（C）"，如图 9-70 所示设置。

图 9-69　统计量选项设置

图 9-70　分类选项设置

(6) 点击"继续"返回上级对话框，点击"保存（A）"，如图 9-71 所示设置。

(7) 点击"继续"返回上级对话框，点击"确定"，得到结果，下面将主要结果进行说明。

单变量方差分析结果如图 9-72 所示。

$x_1 \sim x_4$ 4 个变量的方差分析结果显示，显著性 P 值都小于 0.01，说明每个变量对于判别分析都是有意义的。

图 9-71　保存选项设置

组均值的均等性的检验

	Wilks 的 Lambda	F	df1	df2	Sig.
花瓣长	.397	111.847	2	147	.000
花瓣宽	.598	49.371	2	147	.000
花萼长	.059	1179.052	2	147	.000
花萼宽	.071	960.007	2	147	.000

图 9-72　单变量方差分析结果

预测分类结果如图 9-73 所示。

分类结果[a]

	鸢尾花种类		预测组成员			合计
			1	2	3	
初始	计数	1	50	0	0	50
		2	0	48	2	50
		3	0	1	49	50
	%	1	100.0	.0	.0	100.0
		2	.0	96.0	4.0	100.0
		3	.0	2.0	98.0	100.0

a. 已对初始分组案例中的 98.0% 个进行了正确分类。

图 9-73　预测分类结果

这是对判别效果的验证，对 1 类变量的判别正确率为 100%；对 2 类变量的判别正确率为 96%，有 2 个误判为 3 类；对 3 类变量的判别正确率为 98%，有 1 个误判为 2 类。总体判别正确率达 98%。

9.7　主成分分析

在研究实际问题时，研究者往往希望尽可能多地收集相关变量，以期望对问题有比较全面、完整的把握和认识。例如，学生综合评价研究中，可能会收集诸如基础课成绩、专业基础课成绩、专业课成绩、体育等各类课程的成绩及累计获得各项奖学金的次数等。多变量的大样本虽然能为科学研究提供大量的信息，但是在一定程度上增加了数据采集的工作量，更重要的是在大多数情况下，许多变量之间可能存在相关性，这意味着表面上看来彼此不同的变量并不能从各个侧面反映事物的不同属性，而恰恰是事物同一种属性的不同表现。因此变量个数太多就会增加研究的复杂性，人们自然希望变量个数较少而得到的信息较多。主成分分析采取降维的方法，找出几个综合因子来代表原来众多的变量，使得这些综合因子尽可能反映原来变量的信息，而且彼此之间互不相关，从而达到简化的目的。利用 DPS 可以快速进行主成分分析。

【例 9-7】　2002 年 16 家上市公司 4 项指标的数据如表 9-8 所示，试对其进行综合赢利能力的主成分分析。

表 9-8　2002 年 16 家上市公司 4 项指标数据

公司	X_1 销售净利率/%	X_2 资产净利率/%	X_3 净资产收益率/%	X_4 销售毛利率/%
歌华有线	43.31	7.39	8.73	54.89
五粮液	17.11	12.13	17.29	44.25
用友软件	21.11	6.03	7.00	89.37
太太药业	29.55	8.62	10.13	73.00
浙江阳光	11.00	8.41	11.83	25.22
烟台万华	17.63	13.86	15.41	36.44
方正科技	2.73	4.22	17.16	9.96
红河光明	29.11	5.44	6.09	56.26
贵州茅台	20.29	9.48	12.97	82.23
中铁二局	3.99	4.64	9.35	13.04
红星发展	22.65	11.13	14.30	50.51
伊利股份	4.43	7.30	14.36	29.04
青岛海尔	5.40	8.90	12.53	65.50
湖北宜化	7.06	2.79	5.24	19.79
雅戈尔	19.82	10.53	18.55	42.04
福建南纸	7.26	2.99	6.99	22.72

（1）在 DPS 中如下输入数据，定义数据块，选择菜单"多元分析"→"多因素分析"→"主成分分析"（图 9-74）。

图 9-74 菜单选择

(2) 弹出对话框,得到第一主成分、第二主成分得分的 x-y 散点图(图 9-75)。

图 9-75 散点图

点击右上角,退出对话框,即可得到结果,主要结果解释如下。

各因子的特征值、贡献率及显著性检验如图 9-76 所示。

取多少个因子,取决于三个方面:特征值大于 1,累计贡献率超过 85%,显著水平 P 小于 0.05。

从特征值看,因子 1 与因子 2 的特征值都大于 1,因子 3 与因子 4 的特征值则小于 1,不宜取。

从贡献率看,因子 1 的贡献率为 47.4292%,因子 2 的贡献率为 38.7400%,因子 1 与因子 2 的累计贡献率为 86.1692%,表示因子 1 与因子 2 可以解释 86.1692% 的方差变异,超过 85%,因此取因子 1 与因子 2 即可。

从显著性水平检验 P 值看,因子 1 与因子 2 对应的 P 值小于 0.05,而因子 3 与因子 4 对应的 P 值都大于 0.05,因此取因子 1 与因子 2 即可。

根据贡献百分率,得到主成分函数为 $F = 0.4743F_1 + 0.3874F_2$

主成分矩阵表如图 9-77 所示。

No	特征值	百分率%	累计百分率%	Chi-	df	p值
1	1.8972	47.4292	47.4292	21.6474	9	0.0101
2	1.5496	38.7400	86.1692	16.1852	5	0.0063
3	0.3930	9.8255	95.9948	2.5014	2	0.2863
4	0.1602	4.0052	100			1.0000

图 9-76 各因子的特征值、贡献率及显著性检验结果

规格化特征向量				
	因子1	因子2	因子3	因子4
X1销售净	0.5306	−0.4122	0.7018	0.2366
X2资产净	0.5938	0.4045	0.0229	−0.6952
X3净资产	0.2607	0.7207	0.0097	0.6426
X4销售毛	0.5458	−0.3835	−0.7119	0.2196

图 9-77 主成分矩阵表

由于因子 1 加因子 2 的累计贡献率超过 85%,因此以因子 1 与因子 2 对应的数据,写出主成分表达式:

$F_1 = 0.5306zx_1 + 0.5938zx_2 + 0.2607zx_3 + 0.5458zx_4$

$F_2 = -0.4122zx_1 + 0.4045zx_2 + 0.7207zx_3 - 0.3835zx_4$

这里 zx_i 表示标准化后的数据。

主成分分析的因子得分如图 9-78 所示。

利用主成分函数为 $F=0.4743F_1+0.3874F_2$，计算 $Y(i, 1)$ 与 $Y(i, 2)$ 两项得分之和，得到综合得分，并进行排序（图 9-79）。

图 9-78　因子得分　　　　　图 9-79　综合得分结果

结果显示，烟台万华得分最高，五粮液第二，雅戈尔第三。

9.8　因子分析

因子分析（factor analysis），也称为因素分析，也是对多变量的降维方法，从众多相关的指标中找出少数几个综合性指标来反映原来指标所包含的主要信息。它是用少数几个因子来描述许多指标或因素之间的联系，即：用较少几个因子反映原始数据的大部分信息的统计方法。

因子分析最早由英国心理学家 C. E. 斯皮尔曼提出。他发现学生的各科成绩之间存在着一定的相关性，一科成绩好的学生，往往其他各科成绩也比较好，从而推想是否存在某些潜在的共性因子，或称某些一般智力条件影响着学生的学习成绩。因子分析可在许多变量中找出隐藏的具有代表性的因子。将相同本质的变量归入一个因子，可减少变量的数目，还可检验变量间关系的假设。

在多元统计中，经常遇到诸多变量之间存在强相关的问题，它会对分析带来许多困难。通过因子分析，可以找出几个较少的有实际意义的因子，反映出原来数据的基本结构。例如，调查汽车配件的价格中，通过因子分析从 20 个指标中概括出原材料供应商、配件厂商、新进入者、后市场零部件厂商、整车厂和消费者 6 个基本指标。从而找出对企业配件价格起决定性作用的几个指标。另外，通过因子分析，还可以找出少数的几个因子来代替原来的变量做回归分析、聚类分析、判别分析等。

9.8.1　因子分析的基本步骤

1. 多变量的相关性检验，确定是否适合因子分析

因子分析是从众多的原始变量中综合出少数几个具有代表性的因子，这必定有一个

前提条件，即原有变量之间具有较强的相关性。如果原有变量之间不存在较强的相关关系，则无法找出其中的公共因子。因此，在因子分析时需要对原有变量做相关分析。通常可采用如下 2 种方法。

1) 巴特利特球形检验

如果巴特利特球形检验（Bartlett test of sphericity）的统计计量数值较大，且对应的相伴概率值小于用户给定的显著性水平 α，则应该拒绝零假设；反之，则不能拒绝零假设，认为诸多变量之间不存在较强的相关性，不适合做因子分析。

2) KMO 检验

KMO（Kaiser-Meyer-Olkin）统计量用于检验变量间的偏相关性是否足够小，是简单相关量和偏相关量的一个相对指数。KMO 的取值为 0～1，如果 KMO>0.9，说明非常适合做因子分析；如果 0.8<KMO<0.9，说明适合做因子分析；如果 0.7<KMO<0.8，说明做因子分析的适合性一般；如果 0.6<KMO<0.7，表示不太适合做因子分析；如果 KMO<0.5，表示不适合做因子分析。

2. 提取因子

提取因子的方法很多，有主成分分析法、主轴因子法、极大似然法、最小二乘法、Alpha 因子提取法和映象因子提取法等。最常用的是主成分分析法和主轴因子法，其中又以主成分分析法的使用最为普遍。

3. 因子旋转

在因子提取时通常提取初始因子后，对因子无法作有效的解释。为了更好地解释因子，必须对负荷矩阵进行旋转，旋转目的在于改变每个变量在各因子的负荷量的大小。旋转方法有以下 4 种。

（1）方差最大旋转（varimax），一种正交旋转法，坐标轴在旋转过程中始终保持垂直，新生成的因子保持不相关性。

（2）四次方最大正交旋转（quartimax），对变量作旋转，使每个变量中需要解释的因子数最小；

（3）平均正交旋转（equamax），对变量和因子均作旋转。

（4）斜交旋转（direct oblimin 或 promax），斜交旋转中坐标轴中的夹角可以是任意度数，新生成的因子之间不能保持不相关性。

在使用过程中一般选用正交旋转法，以最大程度地保证新生成的因子之间保持不相关性。

4. 因子命名

因子的命名是因子分析的一个核心问题。旋转后可决定因子个数，并对其进行命名。对于新因子变量的命名要根据新因子变量与原变量的关系，即观察旋转后的因子负荷矩阵中某个新因子变量能够同时解释多少原变量的信息。

5. 计算因子得分

因子变量确定后，便可计算各因子在每个样本上的具体数值，这些数值就是因子的得分，形成的新变量称为因子变量，它和原变量的得分相对应。有了因子得分，在以后的分析中就可用因子变量代替原有变量进行数据建模，或利用因子变量对样本进行分类或评价等研究，进而实现降维和简化的目标。常见的计算方法如下。

（1）回归法（regression），其因子得分的均值为 0。方差等于估计因子得分与实际因子得分之间的多元相关的平方。

（2）巴特利特法（Bartlett），因子得分均值为 0。

（3）安德森-鲁宾法（Andeson-Rubin），是为了保证因子的正交性而对巴特利特因子得分的调整。因子得分的均值为 0，标准差为 1，且彼此不相关。

【**例 9-8**】 根据 2002 年 16 家上市公司 4 项指标的数据（表 9-8），试对其进行综合赢利能力的因子分析。

（1）在 DPS 中定义数据块，选择菜单"多元分析"→"多因素分析"→"因子分析"（图 9-80）。

图 9-80 菜单选择

（2）弹出对话框，如图 9-81 所示。

图 9-81 左侧上部为特征值衰减图，左侧下部为因子特征值及累计贡献百分率。从左侧可以知道，因子 1 与因子 2 的特征值大于 1，累计贡献率为 86.2%。

图 9-81 右侧上部是公因子提取方法，共有 6 种方法，一般用主成分法。如果样本较大，且样本数是因子数的 10 倍以上，可以用极大似然法。

图 9-81 右侧中部是旋转方法和因子得分估计方法。

图 9-81 右侧下部是 KMO 值、巴特利球形检验及因子个数选择，这里 KMO 值为 0.455，巴特利特球形检验 P 值小于 0.01，因子数取 2。

点击"确定"，得到结果，主要结果如下。

多变量的相关性检验与因子提取数确定如图 9-82 所示。

图 9-81　参数选择

图 9-82　相关性检验与因子数

KMO 值小于 0.5，不适合做因子分析。Bartlett 球形检验 P 值小于 0.01，表明不同变量间有较强的相关性。

因子 1 与因子 2 的特征值大于 1，两者累计贡献率大于 85%，显著性检验 P 值小于 0.05，因此适宜提取两个因子。

初始因子载荷矩阵如图 9-83 所示。

第一主因子 F_1 在 X_1 销售净利率、X_2 资产净利率、X_4 销售毛利率有较大的负荷，分别为 0.7309、0.8179、0.7518；第二主因子 F_2 在 X_3 净资产收益有较大负荷，为 0.8972。

相关阵的估计如图 9-84 所示。

图 9-83　初始因子载荷矩阵　　　　图 9-84　相关阵的估计

相关矩阵拟合的平均绝对偏差为 0.059 573，偏差大于 0.05 的相关系数有 2 个，占 33.33%，表明再现原始数据的相关矩阵性能一般，这个百分比越低越好。显著性检验

水平 P 值大于 0.05，表明因子数目是适宜的。

旋转后的因子载荷矩阵如图 9-85 所示。

因子 1 可以看作销售能力指标，因子 2 可以看做资产获利能力的指标。

因子 1 的累计贡献为 44.4881%，因子 2 的贡献率为 86.1742%－44.4881%＝41.6861%，因此因子综合得分 $F=0.444\,881F_1+0.416\,861F_2$。

因子得分如图 9-86 所示。

综合得分如图 9-87 所示。

旋转方法：Varimax with Kaiser Normalization

因子载荷矩阵

	因子1	因子2
X1销售净利率	0.8930	0.0082
X2资产净利率	0.3720	0.8854
X3净资产收益	-0.2303	0.9386
X4销售毛利率	0.8892	0.0494
方差贡献	1.7795	1.6674
累计贡献%	44.4881	86.1742

图 9-85　旋转后的因子载荷

因子得分估计：回归法

No	Y(i,1)	Y(i,2)
N(1)	1.5657	-0.6004
N(2)	0.0025	1.4952
N(3)	1.2887	-1.0048
N(4)	1.3210	-0.1615
N(5)	-0.6294	0.1594
N(6)	0.0325	1.5173
N(7)	-1.7833	0.2725
N(8)	0.9620	-1.2340
N(9)	1.0110	0.4090
N(10)	-1.2920	-0.7668
N(11)	0.4707	0.8829
N(12)	-1.0183	0.3581
N(13)	-0.0363	0.3270
N(14)	-0.9202	-1.6661
N(15)	-0.0582	1.4022
N(16)	-0.9163	-1.3902

图 9-86　因子得分

公司	No	Y(i,1)	Y(i,2)	综合得分
烟台万华	N(6)	0.0324528	1.5173423	0.6470
五粮液	N(2)	0.0025154	1.4951992	0.6244
贵州茅台	N(9)	1.0109962	0.4089737	0.6203
红星发展	N(11)	0.4707245	0.8828605	0.5774
雅戈尔	N(15)	-0.058165	1.4022202	0.5587
太太药业	N(4)	1.321041	-0.161493	0.5204
歌华有线	N(1)	1.5656582	-0.600393	0.4463
用友软件	N(3)	1.2886828	-1.004774	0.1545
青岛海尔	N(13)	-0.036311	0.3269995	0.1202
红河光明	N(8)	0.9619501	-1.234049	-0.0865
浙江阳光	N(5)	-0.629436	0.159446	-0.2136
伊利股份	N(12)	-1.018277	0.3581194	-0.3037
方正科技	N(7)	-1.783331	0.2725372	-0.6798
中铁二局	N(10)	-1.29197	-0.766781	-0.8944
福建南纸	N(16)	-0.916301	-1.390154	-0.9871
湖北宜化	N(14)	-0.920231	-1.666056	-1.1039

图 9-87　综合得分

利用因子综合得分函数 $F=0.444\,881F_1+0.416\,861F_2$，计算 $Y(i,1)$ 与 $Y(i,2)$ 两项得分之和，并进行排序。

烟台万华得分最高，五粮液其次，贵州茅台第三。这个结果与主成分分析法有所不同。

因子分析不是对原有变量的取舍，而是根据原始变量的信息进行重新组合，找出影响变量的共同因子，化简数据；此外，它通过旋转使得因子变量更具有可解释性。

复习思考题

1. 什么叫做多元回归和偏回归？什么叫做多元相关和偏相关？偏相关系数和简单相关系数有什么关系？

2. 决定系数、复相关指数、复相关系数之间有何异同？为什么说在变量数多于两个时偏回归分析和偏相关分析才是评定各变量效应和相关密切程度较好的方法？

3. 如何检验多元回归方程、偏回归系数、多元相关系数和偏相关系数？

4. 某城市测定了车流（x_1，辆）、气温（x_2,℃）、气湿（x_3,%RH）、风速（x_4, m/s）和一氧化氮（y, mg/L）的资料，试对其进行多元回归分析，找出它们之间的联系。

车流 (x_1)	气温 (x_2)	气湿 (x_3)	风速 (x_4)	一氧化氮 (y)	车流 (x_1)	气温 (x_2)	气湿 (x_3)	风速 (x_4)	一氧化氮 (y)
1300	20	80	0.45	0.066	948	22.5	69	2	0.005
1444	23	57	0.5	0.076	1440	21.5	79	2.4	0.011
786	26.5	64	1.5	0.001	1084	28.5	59	3	0.003
1652	23	84	0.4	0.17	1844	26	73	1	0.14
1756	29.5	72	0.9	0.156	1116	35	92	2.8	0.039
1754	30	76	0.8	0.12	1656	20	83	1.45	0.059
1200	22.5	69	1.8	0.04	1536	23	57	1.5	0.087
1500	21.8	77	0.6	0.12	960	24.8	67	1.5	0.039
1200	27	58	1.7	0.1	1784	23.3	83	0.9	0.222
1476	27	65	0.65	0.129	1496	27	65	0.65	0.145
1820	22	83	0.4	0.135	1060	26	58	1.83	0.029
1436	28	68	2	0.099	1436	28	68	2	0.099

5. 27名糖尿患者的血清总胆固醇、甘油三脂、空腹胰岛素、糖化血红蛋白、空腹血糖的测量值如下，试建立血糖与其他几项指标关系的多元线性回归方程。

序号	总胆固醇 X_1 /(mmol/L)	甘油三脂 X_2 /(mmol/L)	胰岛素 X_3 /(μU/mL)	糖化血红蛋白 X_4/%	血糖 Y /(mmol/L)
1	5.68	1.90	4.53	8.2	11.2
2	3.79	1.64	7.32	6.9	8.8
3	6.02	3.56	6.95	10.8	12.3
4	4.85	1.07	5.88	8.3	11.6
5	4.60	2.32	4.05	7.5	13.4
6	6.05	0.64	1.42	13.6	18.3
7	4.90	8.50	12.60	8.5	11.1
8	7.08	3.00	6.75	11.5	12.1
9	3.85	2.11	16.28	7.9	9.6
10	4.65	0.63	6.59	7.1	8.4
11	4.59	1.97	3.61	8.7	9.3
12	4.29	1.97	6.61	7.8	10.6
13	7.97	1.93	7.57	9.9	8.4
14	6.19	1.18	1.42	6.9	9.6
15	6.13	2.06	10.35	10.5	10.9

续表

序号	总胆固醇 X_1 /(mmol/L)	甘油三脂 X_2 /(mmol/L)	胰岛素 X_3 /(μU/mL)	糖化血红蛋白 X_4/%	血糖 Y /(mmol/L)
16	5.71	1.78	8.53	8.0	10.1
17	6.40	2.40	4.53	10.3	14.8
18	6.06	3.67	12.79	7.1	9.1
19	5.09	1.03	2.53	8.9	10.8
20	6.13	1.71	5.28	9.9	10.2
21	5.78	3.36	2.96	8.0	13.6
22	5.43	1.13	4.31	11.3	14.9
23	6.50	6.21	3.47	12.3	16.0
24	7.98	7.92	3.37	9.8	13.2
25	11.54	10.89	1.20	10.5	20.0
26	5.84	0.92	8.61	6.4	13.3
27	3.84	1.20	6.45	9.6	10.4

6. 某养殖场捕捞了一批青鱼，随机抽取了其中 10 尾进行测量，数据如下，试建立二元回归方程、计算复相关指数和复相关系数、对偏回归系数进行显著性检验。

体厚 (x_1)/cm	19.3	19.5	19.7	20.0	20.0	20.1	20.2	20.6	20.7	21.0
体长 (x_2)/cm	102	118	99	117	117	93	103	98	88	94
体重 (y)/kg	9.5	11.05	9.5	10.7	10.95	9.45	9.15	9.95	9.10	10.05

7. 1973 年对江苏启东高产棉田的部分调查资料如下，x_1 为每亩株数（千株），x_2 为每株铃数，y 为每亩皮棉产量（kg）。试计算：①多元回归方程；②对偏回归系数做显著性测验，并解释结果；③多元相关系数和偏相关系数，并做显著性测验。

x_1	6.21	6.29	6.38	6.5	6.52	6.55	6.61	6.77	6.82	6.96
x_2	10.2	11.8	9.9	11.7	11.1	9.3	10.3	9.8	8.8	9.6
y	190	221	190	214	219	189	183	199	182	201

第 10 章　协方差分析

内容提要

协方差分析（analysis of covariance）就是将回归与方差分析结合起来的一种分析方法。它先将定量的影响因素看作自变量，或称协变量，试图建立因变量随自变量变化的回归方程，这样就可利用回归方程把因变量的变化中受自变量因素影响的部分扣除掉，从而提高分析的准确性和精确性。因此，分析的基本思路是首先建立因变量 Y 随协变量 X 变化的线性回归方程，然后，利用这种回归关系把 X 值化为相等后再进行各组 Y 的修正均数间比较的假设检验。在进行协方差分析时需要注意：①统计资料应服从正态分布，否则要做适当的统计代换；②一般方差分析时差异显著，而做协方差分析时不显著，表明差异是由初始试验条件造成的，并非处理造成的；③一般方差分析时差异不显著，而协方差分析时处理间差异显著，表明扣除试验条件的影响后处理间有真正的差异。

在单因素、双因素或多因素试验中，有时会存在无法控制的因素 x 影响试验结果 y，当 x 可以测量，x 与 y 之间又有显著的线性回归时，常常利用线性回归来矫正 y 的观测值、消除 x 的差异对 y 的影响。例如，研究施肥对苹果树产量 y 的影响时，由于苹果树的长势不齐，必须消去长势对产量 x 的影响；又如，研究饲料对动物增重 y 的影响，由于动物的初重 x 不同，必须消去初重 x 对增重 y 的影响。这种不是在试验中控制某个因素，而是在试验后对该因素的影响进行估计，并对试验指标的值作出调整的方法称为统计控制，可以作为试验控制的辅助手段。以统计控制为目的，综合线性回归分析与方差分析所得到的统计分析方法，称为协方差分析，所需要统计控制的一个或多个因素，如苹果树的长势、动物的初重等称为协变量（covariant）。

10.1　单因素协方差分析的步骤

10.1.1　回归方程

不考虑因素 A 不同水平的影响，根据协方差 x 与因变量 y，建立回归方程，得到对应的相关系数 R；考虑因素 A 不同水平的影响，建立不同水平下协方差 x 与因变量 y 之间的回归方程，得到对应的相关系数 R'，比较 R 与 R'，如果 $R<R'$，可初步判定因素 A 不同水平对因变量 y 有显著影响，不可忽视。

10.1.2　误差项回归关系的分析

本步骤得到误差项的回归系数并对线性回归关系进行显著性检验，若显著则说明 y

与 x 两者间存在回归关系，可应用线性回归关系来校正 y 值，以消去由于 x 不同带来的影响，然后根据校正后的 y 值进行方差分析。如线性回归关系不显著，则无需继续进行分析。

10.1.3　因子间协方差分析

根据因素对应的 P 值，来判断因素 A 不同水平对因变量 y 的影响是否显著，决定是否需要进行因变量 y 的平均数矫正和多重比较。

10.1.4　回归协方差分析

对因素 A 不同水平的回归系数、截距分别进行差异显著性检验。

10.1.5　不同水平下因变量 y 的平均数矫正

在调整处理平均（回归）表中，可以得到因素 A 不同水平下因变量 y 的平均数矫正值。注意，不是调整处理平均（因子）表。

10.1.6　多重比较

因素 A 不同水平时，比较因变量 y 之间的具体差异。

【例 10-1】　研究三种饲料配方的效果，选择 24 头猪，随机分成 3 组，每组 8 头，进行不同饲料喂养试验，测定结果如表 10-1 所示。试分析三种配合饲料对猪的增重差异是否显著（李春喜，2008）。

表 10-1　三种配方饲料投喂试验中猪的初始重与日增重资料　　（单位：kg）

饲料 A_1		饲料 A_2		饲料 A_3	
初始重 x	日增重 y	初始重 x	日增重 y	初始重 x	日增重 y
88	1.54	100	2.65	97	2.41
106	1.61	125	3.05	119	2.63
113	1.83	109	2.86	115	2.68
91	1.45	102	2.77	102	2.5
130	1.99	136	3.18	133	2.88
95	1.58	117	2.98	88	2.33
79	1.35	96	2.63	82	2.21
117	1.84	113	2.85	109	2.49

可用 DPS 解题，具体方法如下。

(1) 按照图 10-1 输入数据，选择数据。

图 10-1 数据输入

(2) 点击菜单"试验统计"→"随机区组设计协方差分析"→"单因素"，弹出对话框如图 10-2 所示。

(3) 处理个数选择 3，自变量 x 个数选择 1，点击"确定"，得到结果。

回归方程系数与截距如图 10-3 所示。

图 10-2 水平数的设定　　图 10-3 回归方程系数与截距

结果显示，将 24 对数据当作一个样本看待，总回归的回归截距 A 为 0.2222，回归系数 b_1 为 0.0199，即总的回归方程为 $y=0.2222+0.0199x$。此时相关系数 R 为 0.558 86。

当考虑三种配方之间的差异，得到三个回归截距与一个共同的回归系数 b_1，即建立有共同回归系数的三个直线回归方程：

$$y = 0.3446 + 0.0127x$$
$$y = 1.4413 + 0.0127x$$
$$y = 1.1707 + 0.0127x$$

此时相关系数 R 为 0.976 50，明显高于把所有数据当作一个样本来处理时的 R 值。

回归误差项方差分析如图 10-4 所示。

$P=0$，表示初始重 x 与日增重 y 之间的回归非常显著，需要进一步作因子间协方差分析。

因子间协方差分析如图 10-5 所示。

第10章 协方差分析

表	回归误差项方差分析				
方差来源	平方和	自由度	均方	F值	p值
回归	0.1294	1	0.1294	74.6964	0.0000
残差	0.0225	13	0.0017		
总的	0.1520	14			

图 10-4 方差分析

表	因子间协方差分析结果				
方差来源	平方和	自由度	均方	F值	p值
区组间	0.0194	7			
误差	0.0225	13	0.0017		
处理A+误差	3.5639	15			
处理A间	3.5414	2	1.7707	1021.9086	0.0000

图 10-5 因子间协方差分析

$P=0$,表示不同饲料配方对猪日增重的影响非常显著,因此需要对不同饲料配方水平下的平均数矫正和作多重比较。

回归协方差分析如图 10-6 所示。

表	回归协方差分析结果				
变异来源	平方和	自由度	均方	F值	p值
总回归	4.9724	22			
离回归	0.0395	18	0.0022		
误差	4.9329	4	1.2332	561.8637	0.0000
回归系数B间	0.0024	2	0.0012	0.5488	0.5870
回归截距A间	4.9305	2	2.4653	1176.2524	0.0000
共同回归系数	0.0419	20	0.0021		

图 10-6 回归协方差分析

对三个共同回归系数 B 进行差异显著性检验,$P=0.5870>0.05$,没有显著差异,因此可以用共同的回归系数 0.0127。

对三个回归截距 A 进行差异显著性检验,$P=0.0000<0.01$,差异非常显著,因此需要用三个不同的截距,表明 y 校正后三种饲料配方对猪日增重 y 的影响非常显著。

平均数矫正如图 10-7 所示。

表	调整处理平均(回归):	
处理	平均值	调整后均值
A1B1	1.6488	1.7045
A2B1	2.8712	2.8012
A3B1	2.5162	2.5306

图 10-7 平均数矫正

根据调整处理平均(回归)的结果,配方 1 的矫正平均日增重为 1.7045,最差;配方 2 的矫正平均日增重为 2.8012,最好;配方 3 的矫正平均日增重为 2.5306,居中。

多重比较如图 10-8 所示。

多重比较显示,配方 1 与配方 2 对日增重影响有非常显著的差异($P=0.0000<0.01$),配方 1 与配方 3 对日增重影响有非常显著差异($P=0.0000<0.01$),配方 2 与配方 3 对日增重影响有非常显著差异($P=0.0000<0.01$)。

T-测验结果(回归):		p值	SD
T(y1-y2)=	46.0274	0.0000	0.0238
T(y1-y3)=	35.9273	0.0000	0.0230
T(y2-y3)=	11.6055	0.0000	0.0233

图 10-8　多重比较

复习思考题

1. 什么叫协方差分析？其与方差分析比较有何优势？
2. 如何进行协方差分析？在进行协方差分析时有哪些注意事项？
3. 为研究 A、B、C 三种饲料对猪的催肥效果，用每种饲料喂养 8 头猪一段时间，测得每头猪的初始重量（X）和增重（Y）（kg）。试分析三种饲料对猪的催肥效果是否相同？

编号	A 饲料		B 饲料		C 饲料	
	X_1	Y_1	X_2	Y_2	X_3	Y_3
1	15	85	17	97	22	89
2	13	83	16	90	24	91
3	11	65	18	100	20	83
4	12	76	18	95	23	95
5	12	80	21	103	25	100
6	16	91	22	106	27	102
7	14	84	19	99	30	105
8	17	90	18	94	32	110

4. 为研究 A、B、C 三种饲料对增加大白鼠体重的影响，有人按随机区组设计将初始体重相近的 36 只大白鼠分成 12 个区组，再将每个区组的 3 只大白鼠随机分入 A、B、C 三种饲料组，但在实验设计时未对大白鼠的进食量加以限制。三组大白鼠的进食量（X）与所增体重（Y）如下（g）表，问扣除进食量因素的影响后，三种饲料对增加大白鼠体重有无差别？

区组	A 组		B 组		C 组	
	X_1	Y_1	X_2	Y_2	X_3	Y_3
1	256.9	27.0	260.3	32.0	544.7	160.3
2	271.6	41.7	271.1	47.1	481.2	96.1
3	210.2	25.0	214.7	36.7	418.9	114.6
4	300.1	52.0	300.1	65.0	556.6	134.8
5	262.2	14.5	269.7	39.0	394.5	76.3

续表

区组	A组		B组		C组	
	X_1	Y_1	X_2	Y_2	X_3	Y_3
6	304.4	48.8	307.5	37.9	426.6	72.8
7	272.4	48.0	278.9	51.5	416.1	99.4
8	248.2	9.5	256.2	26.7	549.9	133.7
9	242.8	37.0	240.8	41.0	580.5	147.0
10	342.9	56.5	340.7	61.3	608.3	165.8
11	356.9	76.0	356.3	102.1	559.6	169.8
12	198.2	9.2	199.2	8.1	371.9	54.3

第 11 章 试验设计

内容提要

众所周知，试验设计是生命科学工作者在进行研究之前，需要制定完善的研究方案，那么什么样的方案才称得上是完善的呢？一般来说，需具备以下几个条件：实验所需的人力、物力和时间等资源；试验设计的"三要素"和"三原则"应符合专业和统计学要求；对试验数据的收集、整理、分析等有一套规范且正确的方法。其中"三要素"和"三原则"是试验设计的核心，"三要素"是指试验对象、试验因素、试验效应，而"三原则"是指随机、重复、局部控制。

在具体开展试验设计过程中，需要针对研究的内容选用不同的试验设计方法，常用的试验设计方法主要有：析因设计、正交设计、均匀设计、混料设计等。常用的试验设计软件有 JMP、Minitab、DPS、Design-Expert，本章主要对 JMP 进行介绍。

析因设计是一种多因素的交叉分组设计，它要求每个因素的不同水平都要进行组合，因此对剖析因素与效应之间的关系比较透彻，当因素数目和水平数都不太大，且效应与因素之间的关系比较复杂时，常常被推荐使用。但当研究因素较多，且每个因素的水平数也较多时，析因设计要求的试验可能太多，实施起来非常困难。正交设计是根据正交性从全面试验中挑选出部分有代表性的点进行试验，这些有代表性的点具备"均匀性，齐整可比性"的特点，是一种高效率、快速、经济的实验设计方法。均匀设计只考虑试验点在试验范围内均匀散布的一种试验设计方法。因此，实践中若因素多、水平数多而要求试验次数少的研究，一般用均匀设计来安排试验；对于因素少、水平数不多的研究，一般采用正交设计。有时，可以将两者结合起来。

试验设计（design of experiment，DOE），也称为实验设计。不少人认为统计主要是数据处理和分析。实际上，统计的第一步便是试验设计（有时要通过观察研究，但其思想依然是试验设计的思想）。"凡事预则立，不预则废"，试验设计是一个计划，有了良好的计划，才有可行的试验。在工农业生产和科学研究中，经常需要做试验，以求达到预期的目的。例如，在工农业生产中希望通过试验达到高质、优产、低消耗，特别是新产品试验，未知的东西很多，要通过试验来摸索工艺条件或配方。如果要最有效地进行科学试验，必须用科学方法来设计。好的设计可以节省样本、钱财和时间。试验设计自 20 世纪 20 年代问世至今，其发展大致经历了三个阶段，即早期的单因素和多因素方差分析，传统的正交试验法和近代的调优设计法。从 20 世纪 30 年代费希尔（R. A. Fisher）在农业生产中使用试验设计方法以来，试验设计方法已经得到广泛的发展，统计学家们发现了很多非常有效的试验设计技术。60 年代，日本统计学家田口玄一将试验设计中应用最广的正交设计表格化，在方法解说方面深入浅出为试验设计的更广泛使用作出了众所周知的贡献。

11.1 实验设计的内容与作用

产品质量的高低主要是由设计决定的,一个好的试验设计包含几个方面的内容。

第一是明确衡量产品质量的指标,这个质量指标必须是能够量化的指标,在试验设计中称为试验指标,也称为响应变量(response variable)或输出变量。

第二是寻找影响试验指标的可能因素(factor),也称为影响因子和输入变量。因素变化的各种状态就是水平,要求根据专业知识初步确定因素水平的范围。

第三是根据实际问题,选择适用的试验设计方法。不同的试验设计方法均有不同的适用条件,选择了适用的方法就可以事半而功倍,选择的方法不正确或者根本没有进行有效的试验设计就会事倍而功半。

第四是科学地分析试验结果,包括对数据的直观分析、方差分析、回归分析等多种统计分析方法,这些工作可以借助 JMP、Minitab 等软件完成。

试验设计在工业生产和工程设计中能发挥重要的作用,主要有:①提高产量;②减少质量的波动,提高产品质量水准;③大大缩短新产品试验周期;④降低成本;⑤延长产品寿命。

所谓试验的统计设计,就是设计试验的过程,使得收集的数据适合于用统计方法分析,得出有效的和客观的结论。如果想从数据作出有意义的结论,用统计方法作试验设计是必要的。当问题涉及受试验误差影响的数据时,只有统计方法才是客观的分析方法。这样一来,任何一个试验问题就存在两个方面:试验的设计和数据的统计分析。两者是紧密相连的,因为分析方法直接依赖于所采用的设计。

11.2 试验设计的基本原理

试验设计的三个基本原理是重复、随机化及区组化。

11.2.1 重复

所谓重复是在相同试验条件下对同批次试验对象进行相同处理。重复试验可以提升试验结果可靠度与精确度,减小误差。

11.2.2 随机化

所谓随机化,是指试验材料的分配和试验进行的次序都是随机地确定的。统计方法要求观察值(或误差)是独立分布的随机变量。随机化通常能使这一假定有效。把试验进行适当的随机化亦有助于"均匀"可能出现的外来因素的效应。

完全随机设计对试验条件的均匀性要求较高,不适合于试验条件差异比较大的研究。如果试验条件不均匀而进行完全随机试验设计,由于该设计未应用局部控制的原则，将非试验因素的影响归入试验误差中，使得试验误差变大，降低了试验精确性。

11.2.3 区组化

区组化是用来提高试验的精确度的一种方法。当试验规模达到一定程度后，完全随机设计就不容易做到试验条件完全一致，此时可以将整个试验场地分成若干个单元，每一单元内设置一整套完整的试验，这一个单元就称为区组（block），这样的试验设计就是随机区组设计（randomized block design）。一个区组可以是一个独立的空间，如一个地区、一个试验区、一个畜牧场、一栋畜舍、一个养殖单元、一个家系或是一个独立的时间段等。随机区组设计通过划分区组的方法，使区组内的条件尽可能一致，以达到局部控制的目的，应用广泛。区组内的环境变异要尽可能小，区组间允许存在一定的环境变异。

11.3 试验设计的主要方法

实验设计方法一般包括析因设计、田口设计、均匀设计、混料设计等。常用的试验设计软件有 JMP、Minitab、DPS、Design-Expert。这里主要采用 JMP 来进行试验设计。JMP 是由 SAS 公司开发的统计分析软件，被广泛应用于业务可视化、探索性数据分析（EDA）、数据挖掘、试验设计等。目前最新版本是 JMP 9.0，且提供了免费全功能 90 天试用（http：//www.jpm.com）。JMP 的试验设计（DOE）提供了一种实践方法，可用于探索几乎所有现实情况中的多因子机会空间。利用多因子试验可以梳理由单一因子造成的影响，从而以最低的成本更快速地了解业务信息。JMP 提供了进行最优试验设计的先进功能，简单易用的分析方法，同时还包括一系列丰富的建模方法。

11.3.1 单因素完全随机设计

如果完全随机试验仅涉及一个处理因素，有两个或多个水平，称试验设计为单因素完全随机设计。

当单因素试验仅考虑两个水平时，如果资料为计量资料且服从正态分布，可用 DPS 进行两样本平均数 t 检验；如果资料为计量资料但不服从正态分布，可以 Wilcoxon 秩和检验或 Mann-Whitney 检验；如果资料为计数时可用卡方检验或 Fisher 确切概率法检验。

【例 11-1】 研究两种激素配方对草鱼产卵率的影响，取个体大小一致的同批雌鱼 10 尾，按完全随机设计方法将 10 尾草鱼随机分配到甲、乙两组，可用 JMP 进行试验设计。

(1) 打开 JMP，点击菜单"试验设计（D）"→"定制设计"（图 11-1）。
(2) 弹出对话框，如图 11-2 所示。
(3) 双击"Y"，填入"产卵率"。点击"添加因子"→"分类"→"2 水平"（图

第 11 章　试验设计　·277·

图 11-1　菜单选择

图 11-2　定制设计对话框

11-3）。

（4）将因子 X_1 名称改为"激素配方"，将对应的值改为"甲"和"乙"，点击"继续"，在"试验次数"下面选择"用户指定"，后面填入"10"（图 11-4）。

（5）点击"制作设计"，得到对话框，如图 11-5 所示。

（6）点击"制表"，得到设计结果，如图 11-6 所示。

这样就完成了单因素 2 水平的完全随机设计。"·"表示实验结果在此输入。

按照图 11-6 的试验方案进行试验，然后将结果填入。实验结果分析可以用 DPS 等其他软件分析，也可以直接用 JMP 进行分析。以下是 JMP 分析的步骤。

（1）点击模型左边的"下三角箭头"，选择"运行脚本"，进行结果分析（图 11-7）。

图 11-3 水平选取

图 11-4 因子确定

图 11-5 参数设置

(2) 弹出对话框,如图 11-8 所示。

(3) 点击"运行",得到分析结果,首先看响应"产卵率"下面的"效应检验"(图 11-9)。

从效应检验结果看,不同激素配方对于响应产卵率的影响非产显著($P=0.0009<0.01$)。

(4) 点击"激素配方"左边的下三角,选择"LS 均值 Student t"(图 11-10)。

(5) 得到 t 检验结果(图 11-11)。

同样，如果有3种激素配方，我们也可以将15条草鱼分成3组，采用JMP可以按照如下步骤进行。

图 11-6 试验方案

图 11-7 结果输入

图 11-8 拟合模型选项

图 11-9 分析结果

图 11-10 检验方法的选取

图 11-11　t 值结果

（1）在添加因子时选择添加"分类"→"3 水平"（图 11-12）。

（2）将因子 X_1 名称改为"激素配方"，将对应的值改为"甲"、"乙"、"丙"，点击"继续"（图 11-12），在"试验次数"下面选择用户指定，后面填入"15"（图 11-13）。

图 11-12　水平选取

图 11-13　参数设置

（3）最后生成的设计结果如图 11-14 所示。

按照图 11-14 的试验方案进行试验，结束后将试验后的结果填入，即可进行分析。

图 11-14　试验方案

11.3.2　单因素随机区组设计

田间试验中，常常将试验地按土壤肥力程度（或按其他非试验条件的趋向性差异）分为等于重复次数的区组，一个区组即一次重复。然后把每个区组再等分成等于处理数的小区，在每个区组内随机排列各处理，即为随机区组设计。

【例 11-2】　比较 8 个品种的棉花产量，设置 4 个重复，进行随机区组设计。

（1）打开 JMP，点击菜单"试验设

计（D）"→"定制设计"（图 11-15）。

图 11-15　菜单选择

（2）弹出对话框如图 11-16 所示。

（3）双击"Y"，填入"棉花产量"。点击"添加因子"→"分类"→"8 水平"（图 11-17）。

图 11-16　定制设计选项

图 11-17　水平选取

（4）再点击"添加因子"→"区组"→"每个区组 8 次试验"（图 11-18）。

（5）修改因子名称（图 11-19）。

（6）点击"继续"，在"试验次数"下面选择"用户指定"，后面填入"32"，此时区组值相应变为 4 个（图 11-20）。

（7）点击"制作设计"，得到下一步对话框，点击"制表"，即可得到设计方案（图 11-21）：

试验时，4 个区组中，每个区组有 8 个小块，肥力一致，随机种 8 个棉花品种。4 个区组的肥力是不一致的。

图 11-18 区组设定

图 11-19 编辑因子名称

图 11-20 试验次数的设定

图 11-21 试验方案

11.3.3 完全析因设计

析因设计（factorial design）是一种多因素的交叉分组设计。它不仅可检验每个因素各水平间的差异，而且可检验各因素间的交互作用。两个或多个因素如存在交互作用，表示各因素不是各自独立的，而是一个因素的水平有改变时，另一个或几个因素的效应也相应有所改变；反之，如不存在交互作用，表示各因素具有独立性，一个因素的水平有所改变时不影响其他因素的效应。

【例 11-3】 研究猪的性别（因素 A，雌性与雄性）、大豆粉（因素 B，大豆加 4% 蛋粉与大豆不加蛋粉）、玉米（因素 C，玉米加 0.6% 的己氨酸与玉米不加己氨酸）对猪体重增加的影响，每个处理有 8 个重复，试作析因分析。

这里猪的性别、玉米、大豆粉 3 个因素分别有 2 个水平，属于分类变量，响应为体重。

(1) 打开 JMP，点击菜单"试验设计（D）"→"定制设计"（图 11-22）。

(2) 弹出对话框如图 11-23 所示。

图 11-22　菜单选择

图 11-23　定制设计对话框

(3) 双击"Y"，填入体重。在"添加因子数"后面填入"3"，再点击"添加因子"→"分类"→"2 水平"（图 11-24）。

图 11-24　水平选取

(4) 修改因子名称与值，得到对话框，如图 11-25 所示。

图 11-25　因子名称的编辑

(5) 点击"继续",得到对话框,如图 11-26 所示。

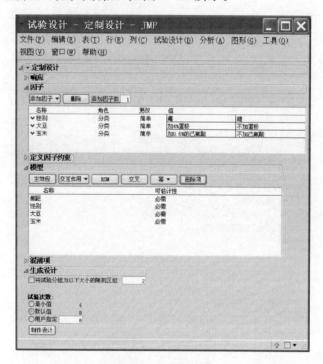

图 11-26　运行结果

完全析因设计考察所有因子间的交互作用,这里有三个因子,因此就有两两交互作用三个、三因子的交互作用一个。

(6) 分析两两交互作用时,在"模型"下面点击"交互作用"→"二次"(图 11-27)。

图 11-27　交互作用的设定

（7）模型下面即可得到二次交互作用（图 11-28）。

图 11-28　模型分析结果

（8）分析三因子的共同交互作用时，在"模型"下面点击"交互作用"→"三次"，模型下面即可得到三次交互作用（图 11-29）。

图 11-29　模型分析结果

（9）试验次数选择"最小值 8"，点击"制作设计"，得到对话框如图 11-30 所示。

（10）试验顺序选择从左到右，在重复次数后面输入"7"，点击"制表"，得到结果如图 11-31 所示。

（11）这样共生成 64 行。实验结果如表 11-1 所示。

图 11-30　选项对话框

图 11-31　试验方案

表 11-1　试 验 结 果

$A_1B_1C_1$	$A_1B_1C_2$	$A_1B_2C_1$	$A_1B_2C_2$	$A_2B_1C_1$	$A_2B_1C_2$	$A_2B_2C_1$	$A_2B_2C_2$
0.55	0.77	0.51	0.48	0.73	0.84	0.67	0.42
0.54	0.60	0.57	0.61	0.70	0.62	0.60	0.60
0.74	0.58	0.68	0.59	0.59	0.67	0.63	0.64
0.71	0.74	0.66	0.62	0.61	0.66	0.66	0.48
0.62	0.61	0.43	0.49	0.69	0.76	0.61	0.55
0.58	0.57	0.50	0.49	0.54	0.73	0.57	0.48
0.56	0.72	0.58	0.52	0.70	0.63	0.67	0.54
0.51	0.79	0.65	0.49	0.61	0.61	0.71	0.49

实验得到结果后，可以用 DPS 软件分析，也可以用 JMP 软件直接进行分析，以下是 JMP 的分析步骤，并将结果与 DPS 分析结果比较。

（1）把实验结果填入对应选项中（图 11-32）。

图 11-32　试验结果的输入

（2）点击"模型"左边的下三角箭头，选择"运行脚本"（图 11-33）。
（3）弹出对话框如图 11-34 所示。
（4）点击"运行"，得到参数估计值结果。

参数估计值和方差分析表是一致的。本题如用 DPS 的一般线性模型方差分析，得到结果如图 11-36 所示。

图 11-33 运行脚本

图 11-34 拟合模型选项

图 11-35 参数估计值结果

两者是一致的，大豆对体重有非常显著的影响，大豆与玉米的交互作用对体重有非常显著的影响。

杠杆率图如图 11-37 所示。在大豆杠杆率图上部，点击"大豆"左边的下拉三角，选择"LS 均值 Student t"。

在大豆杠杆率图下面就会出现大豆两个水平的 t 检验结果，如图 11-38 所示。

点击"性别*大豆"，选择"LS 均值 Tukey HSD"，如图 11-39 所示。

变异来源	平方和	自由度	均方	F值	p值	备注
A	0.0141	1	0.0141	2.5136	0.1185	性别
B	0.1131	1	0.1131	20.1539	0.0000	大豆
C	0.0013	1	0.0013	0.2342	0.6303	玉米
A*B	0.0000	1	0.0000	0.0070	0.9338	性别×大豆
A*C	0.0113	1	0.0113	2.0123	0.1616	性别×玉米
B*C	0.0709	1	0.0709	12.6361	0.0008	大豆×玉米
A*B*C	0.0026	1	0.0026	0.4682	0.4966	性别×大豆×玉米
ERR	0.3142	56	0.0056			
总变异	0.5275	63				

图 11-36 方差分析表

图 11-37 检验方法的选择

得到"性别 * 大豆"的多重比较结果如图 11-40 所示。

同样也可以得到"大豆 * 玉米"的多重比较结果如图 11-41 所示。

同样也可以得到"性别 * 大豆 * 玉米"的多重比较结果如图 11-42 所示。

JMP 的多重比较结果与 DPS 的一般线性模型方差分析结果也是一致的。

本题也可以直接用 JMP 的完全析因设计来进行，步骤如下。

（1）打开 JMP，点击菜单"试验设计（D）"→"完全析因设计"（图 11-43）。

（2）弹出对话框，在"响应"下面双击"Y"，填入"体重"；添加 2 水平分类因子 3 个，并修改因子名称与水平（图 11-44）。

（3）点击"继续"，在"重复次数"后面填入"7"（图 11-45）。

图 11-38 t 检验结果

图 11-39 检验方法的选择

图 11-40 性别*大豆的多重比较结果

图 11-41 大豆*玉米的多重比较结果

图 11-42 性别*大豆*玉米的多重比较结果

图 11-43 菜单选择

图 11-44 因子设定

图 11-45 重复数的设定

(4) 点击"制表",即可得到设计方案(图 11-46)。

图 11-46 试验方案

11.3.4 有区组的析因设计

区组实验就是把实验分批或分组进行。最早是由 Fisher 提出的,其目的在于平衡或消除不均匀的影响，如不同天之间、机器之间、批次之间、班之间的差异。其实际意义在于提高计算的效应的准确度，不进行实验分组，环境的噪声有可能掩盖住一些重要的效应，使得难以发现它们。

例 11-3 中的 2^3 的析因实验，共需做 $2^3=8$ 个处理。但实验每天只能做 4 个处理，每个处理还是 8 次重复，需要两天，而每天的环境因素可能不一致，这就形成了区组试验。JMP 进行该试验设计的步骤如下。

（1）打开 JMP，点击菜单"试验设计（D）"→"定制设计"，弹出对话框，在"响应"下面双击"Y"，填入"体重"；添加 2 水平分类因子 3 个，并修改因子名称与水平（图 11-47）。

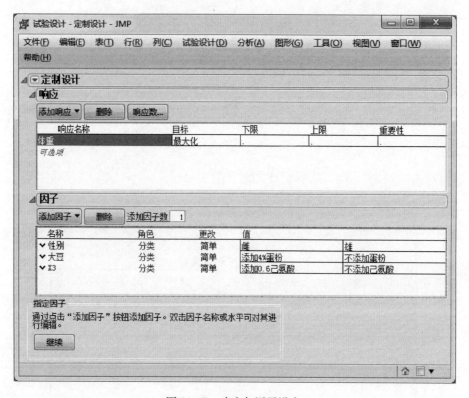

图 11-47　响应与因子设定

（2）点击"继续"（图 11-47），得到对话框（图 11-48）。

（3）点击"添加因子"→"区组"→"其他"（图 11-49）。

（4）弹出对话框，因为每天只能做 4 个处理，每个处理重复 8 次，每天要进行 32 次试验，因此在"指定每区组的试验次数"后面填入"32"（图 11-50）

（5）点击"确定"，修改区组因子名称为"天"，并修改两个值为"第一天"、"第二天"（图 11-51）。

（6）点击"交互作用"，这里考虑三个分类因子所有交互作用，因此选择"三次"（图 11-52）。

（7）得到结果（图 11-53）。

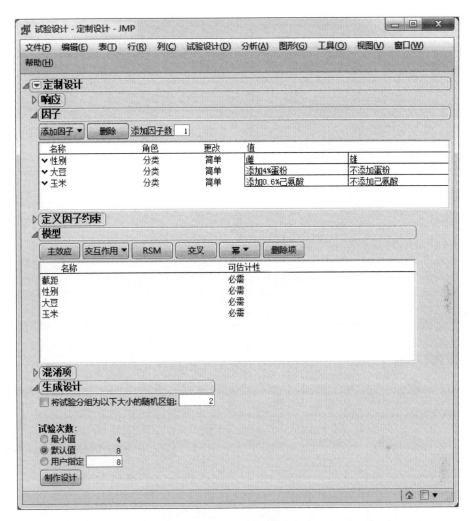

图 11-48 因子设计

(8) 点击"制作设计",再点击"制表",就可以得到设计方案(图 11-54)。

完全析因设计在考虑的因素较多时,处理组数会很大(如 4 个因素各 3 个水平的处理数为 $3^4=81$ 种),这时采用析因设计不是最佳选择,可选用田口设计(包括正交设计)。完全析因设计的优点之一是可以考虑交互作用,但有时高阶交互作用是很难解释的,实际工作中,析因设计考虑的因素不超过 5 个,一般只考虑主效应或二次交互作用。

11.3.5 田口设计

田口设计是日本田口玄一博士创立的,其核心内容被日本视为"国宝"。田口玄一将试验设计中应用最广的正交设计表格化,在方法解说方面深入浅出为试验设计的更广泛使用作出了众所周知的贡献。在 20 世纪 60 年代,日本应用正交设计就已超过百万

图 11-49　添加区组因子

图 11-50　每区组试验次数设定

次。有人认为二次大战后日本经济高速增长并超过美国的一个决定性因素是推广应用正交设计。

正交试验法是研究与处理多因素试验的一种科学方法，它是在实践经验与理论认识的基础上，利用正交表来科学、合理安排和分析众多因素的试验方法。正交设计可以仅分析主效应，或分析主效应与部分交互作用。它的优点是只做代表性强的少数次条件，并能通过对少数次试验条件的分析，找出较好的生产条件、最优的试验方案、较优的结果。

图 11-51　区组因子设置

图 11-52　交互作用设置

图 11-53 添加交互作用后的设计

图 11-54 试验设计方案

田口设计中，试验因子分为可控因子与不可控因子两类，可控因子的水平我们可以任意设定，称为信号。但是不可控因子是我们无法调控的，如因环境条件的变异而引起的偏差，个别试验材料异变引起的偏差，称为噪声。在田口设计试验过程中，信号用正交内表调配，而噪声用正交外表调配。例如，一个三个控制因子 A、B、C，两个噪声因子 T、U，全部都是 2 水平，可以如表 11-2 配置内表与外表。

表 11-2　田口设计表格

信号A	信号B	信号C	噪声T	1	1	2	2
			噪声U	1	2	1	2
			响应Y1	响应Y2	响应Y3	响应Y4	
1	1	1					
1	2	2					
2	1	2					
2	2	1					

这样设计表分成三个区域：信号 A、B、C 构成正交内表，噪声 T、U 构成正交外表，区域三由响应值（填入试验结果数据）构成。一般情况下，正交试验并不考虑噪声因子，仅考虑信号因子。

我们可以利用 DPS 来选择正交表，步骤如下。

(1) 在 DPS 中，点击菜单"试验设计"→"正交设计"→"正交设计表"（图 11-55）。

图 11-55　菜单选择

(2) 弹出对话框，如图 11-56 所示。

如考察 A、B、C、D 4 个因素，每个因素 2 水平，不考虑交互作用，就要寻找至少包括 2 水平 4 因素的正交表，对照图 11-56，发现 8 处理 2 水平 7 因素适用。

如考察 A、B、C、D 4 个因素，还要考虑 A∗B、A∗C、A∗D、B∗C、B∗D、C∗D 共 6 个交互作用，就考虑 4+6 共 10 个因素，就要寻找至少包括 2 水平 10 因素的正交表，对照图 11-56，发现 12 处理 2 水平 11 因素适用。

如考察 A、B、C 三个因素，每个因素 4 水平，就要寻找至少包括 4 水平 3 因素的正交表，对照图 11-56，发现 16 处理 4 水平 5 因素适用。

1. 不考虑交互作用的正交设计

【例 11-4】为提高某化工产品的转化率，选择了三个有关的因素进行条件试验，

图 11-56 正交表的选取

反应温度（A）、反应时间（B）、用碱量（C），并确定了它们的水平如表 11-3 所示。

表 11-3 三个因素对化工产品的转化率

因素 水平	反应温度/℃	反应时间/min	用碱量/%
1	80	90	5
2	85	120	6
3	90	150	7

该试验的正交设计可以用 JMP 进行。

(1) 打开 JMP，点击菜单"试验设计（D）"→"田口设计"，弹出对话框，定义"响应"与三个 3 水平的信号因子（图 11-57）。

图 11-57 响应的选取

图 11-58　田口的选择

（2）点击"继续"，"选择 L9-田口"（图 11-58）。

（3）点击"继续"，弹出对话框"对于每个内表试验，您要运行多少次？"这里填入"1"（图 11-59）。

图 11-59　参数设置

（4）点击"确定"，返回设计对话框，点击"制表"，得到设计方案（图 11-60）。

图 11-60　试验设计方案

试验后得到结果，直接填入 run 1 列（图 11-61）。

图 11-61　结果输入

这里直接用 JMP 进行分析，点击"设计下面的模型"，运行"模型"，得到分析结果，看响应"均值"（图 11-62）。

图 11-62　检验结果

先看左边的效应检验结果，F 比率越大，概率越小，表明对响应的影响越大，因此对转化率的影响从大到小排序为：反应温度＞加碱量＞反应时间。

再看右侧三个因子的均值，反应温度是 90℃时的均值最大，反应时间是 120min 时的均值最大，加碱量是 6%时的均值最大。因此选择最佳反应条件为：90℃的反应温度、120min 的反应时间、6%加碱量。

2. 考虑交互作用的正交设计

【例 11-5】　某纺织厂为了降低棉结粒数，想通过试验确定有关的三个因素的一个较好方案，具体因子与水平如表 11-4 所示，要考察因素 A、B、C 的主效应以及 A*B、A*C、B*C 三个交互作用。试进行正交设计。

表 11-4　三因素及其互作效应对棉结粒数的影响

水平 \ 因素	针布来源 A	产量水平 B/kg	锡林速度 C/（转/min）
1	日本	6	238
2	青岛	10	320

应用 JMP 进行试验设计。

（1）打开 JMP，点击菜单"试验设计（D）"→"田口设计"，弹出对话框，定义"响应"Y，将名称改为"棉结粒数"，目标选择"望小特性"。再定义三个 2 水平的信号因子（图 11-63）。

（2）点击"继续"，选择"L8"（图 11-64）。

（3）点击"继续"，弹出对话框："对于每个内表试验，您要运行多少次？"这里填入"1"。再点击确定，返回设计对话框，点击"制表"，得到设计方案（图 11-65）。

图 11-63 参数设置

图 11-64 内表的设定

图 11-65 试验设计方案

(4) 试验后得到结果，填入 run 1 列。

这里直接在 JMP 中进行结果分析，步骤如下。

(1) 并点击"设计下面的模型"→"运行脚本"（图 11-66）。

图 11-66 结果输入

(2) 弹出"拟合模型"对话框，按住"Ctrl"键选择针布来源与产量水平，松开"Ctrl"键，点击"构造模型效应"下面的"交叉"，使"针布来源"与"产量水平"的交互作用进入模型效应（图11-67）。

(3) 同样选择其他交互作用（图11-68）。

图 11-67　交叉因子的选取

图 11-68　拟合模型选项

(4) 点击"运行"，得到分析结果，看响应"均值"的效应检验（图11-69）。

看 F 比率与概率，F 比率越大，概率越小，表明对响应的影响越大，因此对棉结粒数的影响从大到小排序为：锡林速度＞针布来源×锡林速度＞产量水平＞针布来源

图 11-69　效应检验结果

＝针布来源×产量水平＝产量水平×锡林速度。F 比率＜1，表示该因子的影响力比试验误差更小，无统计意义，因此针布来源、针布来源×产量水平、产量水平×锡林速度三者可以从模型效应中剔除。

(5) 点击左上角的下三角，选择"模型对话框"（图11-70）。

图 11-70　打开模型对话框

(6) 将"针布来源"、"针布来源 * 产量水平"、"产量水平 * 锡林速度"三者从模型效应中剔除（图11-71）。

(7) 点击"运行",重新得到结果（图 11-72）。

图 11-71 模型效应的构造　　　　　图 11-72 分析结果

从效应详细信息看,产量水平是 10kg 时均值最小,锡林速度是 238 转/min 时均值最小,针布来源×锡林速度的交互作用是青岛的针布与 238 转/min 的锡林速度时最小二乘均值最小。因此选择最佳工艺为:采用青岛的针布,产量水平为 10kg,锡林速度为 238 转/min。

3. 考虑交互作用的有重复试验的正交设计

【例 11-6】 在粒粒橙果汁饮料生产中,脱囊衣处理是关键工艺。为寻找酸碱两步处理法的最优工艺条件,安排 4 因素 4 水平正交试验,每个处理的试验重复 3 次,不考虑因素间的交互作用。试验指标是脱囊衣质量,根据囊衣是否脱彻底、破坏率高低、汁胞饱满度等感官指标综合评分（Y）,满分为 10 分（表 11-5）。

由于 JMP 的田口设计信号因子最多考虑 3 水平,这里采用更加灵活的定制设计。

表 11-5　四因素对脱囊衣效果的影响

水平\因素	NaOH/%	$Na_5P_3O_{10}$/%	处理时间/min	处理温度/℃
1	0.3	0.2	1	30
2	0.4	0.3	2	40
3	0.5	0.4	3	50
4	0.6	0.5	4	60

(1) 打开 JMP,点击菜单"试验设计（D）"→"定制设计",弹出对话框,定义响应"Y",将名称改为"综合评分"。再定义 4 个 4 水平的因子（图 11-73）。

(2) 点击"继续",得到对话框如图 11-74 所示。

图 11-73 因子的定义

图 11-74 定制设计对话框

(3)点击"设计制作",得到下一步对话框如图 11-75 所示,在"重复次数"后面填入"3"。

图 11-75 重复数的设定

(4)再点击"制表",即可得到设计方案(图 11-76)。
(5)这样,每个处理共有 4 个重复。试验后,将结果填入,即可分析。

图 11-76　试验设计方案

复习思考题

1. 什么叫试验设计？试验设计应遵循哪些基本原则？
2. 常见的试验设计有哪几种方法？各种试验设计方法有什么特点？
3. 常用的试验设计软件有哪些？各有何优缺点？应用在哪些方面？
4. 什么是正交设计？正交设计有何特点？
5. 某军区总医院欲研究 A、B、C 三种降血脂药物对家兔血清肾素血管紧张素转化酶（ACE）的影响，现有 26 只家兔，请采用单因素完全随机设计方法对其进行研究。
6. 按完全随机设计方法将 15 名患者随机分为甲、乙、丙三组。
7. 某医师欲研究 A、B 两药是否有治疗缺铁性贫血的作用，以及两药间是否存在交互作用。用何种试验设计方法可达到研究者的研究目的？请作出设计分组。
8. 为了解 5 种小包装储藏方法（A、B、C、D、E）对红星苹果果肉硬度的影响，以储藏室为研究单元，请问采用什么试验设计方法可以解决这一问题？
9. 某化工厂希望寻找提高产品转化率的生产工艺条件，经专业人员分析影响转化率的可能因子和水平，如下。请选取合适的试验设计方法对其进行分析。

因子 \ 水平	一	二	三
A：反应温度/℃	80	85	90
B：反应时间/min	90	120	150
C：加碱量/%	5	6	7

10. 为提高某种农药的收率，需要进行试验。经分析，影响农药收率的因子有4个：

反应温度 A、反应时间 B、两种原料配比 C、真空度 D 以及反应温度与反应时间的交互作用 A×B 对收率也有较大的影响。试验中所考察的因子及水平如下，请根据题意选择正确的试验设计方法对其进行研究，找出最优试验条件参数。

因子	一水平	二水平	因子	一水平	二水平
A：反应温度/℃	60	80	C：两种原料配比	1.1/1	1.2/1
B：反应时间/h	2.5	3.5	D：真空度/kPa	50	60

11. 某厂为提高零件内孔研磨工序质量进行工艺参数的选优试验，考察孔的锥度值，希望其越小越好。因子及其水平如下：在每一水平组合下加工了4个零件，测量其锥度。请设计试验找出最优参数。

因子	水平一	水平二	因子	水平一	水平二
A：研孔工艺设备	通用夹具	专用夹具	C：留研量/mm	0.01	0.015
B：生铁研圈材质	特殊铸铁	一般灰铸铁			

参考文献

蔡一林,岳永生. 2004. 水产生物统计. 北京:中国农业出版社
李春喜,邵云,姜丽娜. 2008. 生物统计学. 北京:科学出版社
卢纹岱. 2008. SPSS for Windows 统计分析. 北京:电子工业出版社
唐启义. 2010. DPS数据处理系统. 北京:科学出版社
王钦德,杨坚. 2010. 食品试验设计与统计分析. 北京:中国农业大学出版社
张熙,张晋昕. 2008. 多个样本均数间的两两比较. 循证医学,8(3):167~171.